Disseny de màquines II. Estructura constructiva

Carles Riba Romeva

Temes d'Enginyeria Mecànica 14

Disseny de màquines II. Estructura constructiva

Carles Riba Romeva

Responsable de la col·lecció: Carles Riba Romeva

Primera edició: setembre de 1994
Segona edició: febrer de 1995
Tercera edició: octubre de 2001
Reimpressió: juny de 2010

Aquest llibre s'ha publicat amb la col·laboració
del Comissionat per a Universitats i Recerca
i del Departament de Cultura de la Generalitat de Catalunya.

En col·laboració amb el Servei de Llengües i Terminologia de la UPC

Producció: LIGHTNING SOURCE

Dipòsit legal: B-37353-2001
ISBN (obra completa): 978-84-8301-190-4
ISBN: 978-84-8301-551-3

Presentació

Una de les activitats més apassionants, i sovint més complexes, dintre de l'enginyeria és el procés de creació, o disseny, d'una màquina a partir d'unes funcions i d'unes prestacions prèviament especificades.

Constitueix una matèria multidisciplinària que inclou, entre d'altres, la teoria de màquines i mecanismes, el càlcul i la simulació, les solucions constructives, els accionaments i el seu control, l'aplicació de materials, les tecnologies de fabricació, les tècniques de representació, l'ergonomia, la seguretat, la reciclabilitat, etc., que s'integren en la forma d'un projecte.

Aquest text forma part d'un conjunt de cinc fascicles que tracten el *disseny de màquines* des de diferents punts de vista complementaris, cada un dels quals presenta un tractament autònom que fa que pugui ser llegit o consultat amb independència dels altres. Aquests són:

1. *Mecanismes*
2. *Estructura constructiva*
3. *Accionaments*
4. *Selecció de materials*
5. *Metodologia*

L'objecte d'aquests fascicles, necessàriament breus, és donar unes orientacions conceptuals i metodològiques a aquelles persones amb nivell de formació universitària que, en algun moment o altre de la seva activitat professional, hauran d'emprendre el disseny o la fabricació d'una màquina.

Aquest fascicle tracta de l'*estructura constructiva* de les màquines, etapa fonamental del *disseny de materialització* que parteix de la definició dels mecanismes.

El pas d'un mecanisme (sistema idealitzat) a una màquina (sistema real) comporta la conversió dels membres i parells cinemàtics del primer en peces, components i enllaços de la segona, transformació en què adquireixen cos, rigidesa i capacitat resistent.

En l'estructura constructiva d'una màquina poden distingir-se dos sistemes amb funcions estructurals diferents: el sistema de guiatge i el sistema de transmissió (aquest darrer, junt amb els motors i dispositius de maniobra i control formen l'accionament). Fent una analogia amb els éssers vertebrats, el primer correspondria a l'esquelet i, el segon, al sistema muscular.

Les funcions de guiatge i de transmissió, sovint íntimament imbricades en les màquines, presenten condicions constructives diferents i, per tant, és bo de destriar-ne l'estudi. Aquest fascicle posa l'accent en els sistemes de guiatge, tema de vital importància en les màquines, poc tractat en la literatura especialitzada, mentre que l'estudi dels sistemes de transmissió s'engloba en el posterior fascicle sobre accionaments.

El capítol 4 fa una introducció sobre les funcions estructurals de les màquines (guiatge i transmissió), mentre que els capítols següents centren l'atenció en els elements del sistema de guiatge: el capítol 5, en els enllaços de guiatge (de rotació i de translació) i, el capítol 6, en els membres de guiatge (bancades, bastidors i carcasses).

Voldria acabar aquesta presentació agraint la col·laboració del professor Joan Mercader Ferreres en la realització de càlculs per elements finits, que han permès la confecció d'algunes de les taules del text, així com la d'Oriol Adelantado Nogué, que ha realitzat les figures d'aquest text, alhora que ha aportat nombrosos suggeriments a l'autor.

ÍNDEX

Presentació

Bibliografia

4 Funcions estructurals

4.1 Introducció

De mecanisme a màquina: disseny de materialització

Un *mecanisme* és una delimitació i alhora la idealització d'un conjunt mecànic mòbil que realitza determinades funcions de guiatge i de transmissió de moviments i de forces dins del conjunt d'una màquina. Està format per membres connectats per mitjà de parells cinemàtics (elements també idealitzats), i un dels membres és fix, anomenat base.

Una *màquina* és un sistema format fonamentalment per un o més conjunts mecànics amb parts mòbils, materialització d'un o més mecanismes, organitzats sobre una base comuna, que realitza una tasca o compleix una funció específica, tal com la manipulació, la conformació de materials o la transformació d'energia, en la qual són característiques les funcions de guiatge i de transmissió relacionades amb els moviments i les forces.

Especificades unes determinades funcions mecàniques d'una màquina, la tasca de dissenyar un mecanisme que les compleixi adequadament constitueix un dels primers passos per a la seva definició i forma part de l'anomenat *disseny conceptual*. És l'objecte del primer fascicle d'aquesta obra: *Disseny de màquines I. Mecanismes*.

El pas següent consisteix a definir uns elements de màquina que materialitzin els membres i parells cinemàtics del mecanisme amb solucions constructives, formes, dimensions i materials adequats a les càrregues i deformacions admissibles. És l'anomenat *disseny de materialització*, objecte d'aquest fascicle: *Disseny de màquines II. Estructura constructiva*.

Disseny de materialització. Variants

El disseny de materialització transforma, doncs, els membres i parells cine-màtics d'un mecanisme (disseny conceptual) en peces, components i enllaços d'una màquina sotmesos a diversos condicionants de força, rigidesa, desgast, rendiment, inèrcia, espai, pes i cost, entre d'altres. En conseqüència, exigeix un compromís difícil entre factors contradictoris.

Un mateix disseny conceptual (en definitiva un mateix mecanisme) pot adop-tar solucions constructives diferents (o *variants*) en la seva materialització, cada una de les quals presenta avantatges i inconvenients. Per tant, una etapa important del disseny de materialització és la generació de variants i la seva avaluació.

Exemple:
Basculant de la suspensió posterior d'una motocicleta

La figura 4.1 mostra dues solucions constructives alternatives d'un mateix esquema simple per al basculant de la suspensió posterior d'una motocicleta:

Basculant de forquilla (Fig. 4.1a). El basculant, articulat al xassís per mitjà dels rodaments A-A', forma una forquilla que abraça la roda la qual s'articula en el seu extrem posterior per mitjà d'un passador cargolat que sosté els ro-daments B-B'. Aquesta solució constructiva té l'interès de la seva simplicitat i de la seva simetria respecte al pla de la motocicleta i de la roda, però presenta l'inconvenient que, en desmuntar la roda, s'ha de desmuntar també la cadena i despassar el disc de fre de les mordasses, amb les regulacions que aquest fet comporta en el muntatge.

Basculant monobraç (Fig. 4.1b). El basculant, articulat també al xassís per mitjà dels rodaments A-A', adopta una forma de monobraç asimètrica on es procura mantenir els rodaments B-B' pròxims al pla de simetria gràcies a les formes corbada del basculant i acampanada de la roda. La construcció ha de ser més robusta (a causa de l'asimetria) i les solucions mecàniques són més complexes (eix de la roda giratori, sotmès a fatiga), però té l'avantatge que, en desmuntar la roda, no implica desmuntar la transmissió ni el fre. La solució de monobraç, necessàriament més robusta a causa de la seva asimetria, acos-tuma a tenir un comportament més estable per a altes sol·licitacions que la solució de forquilla.

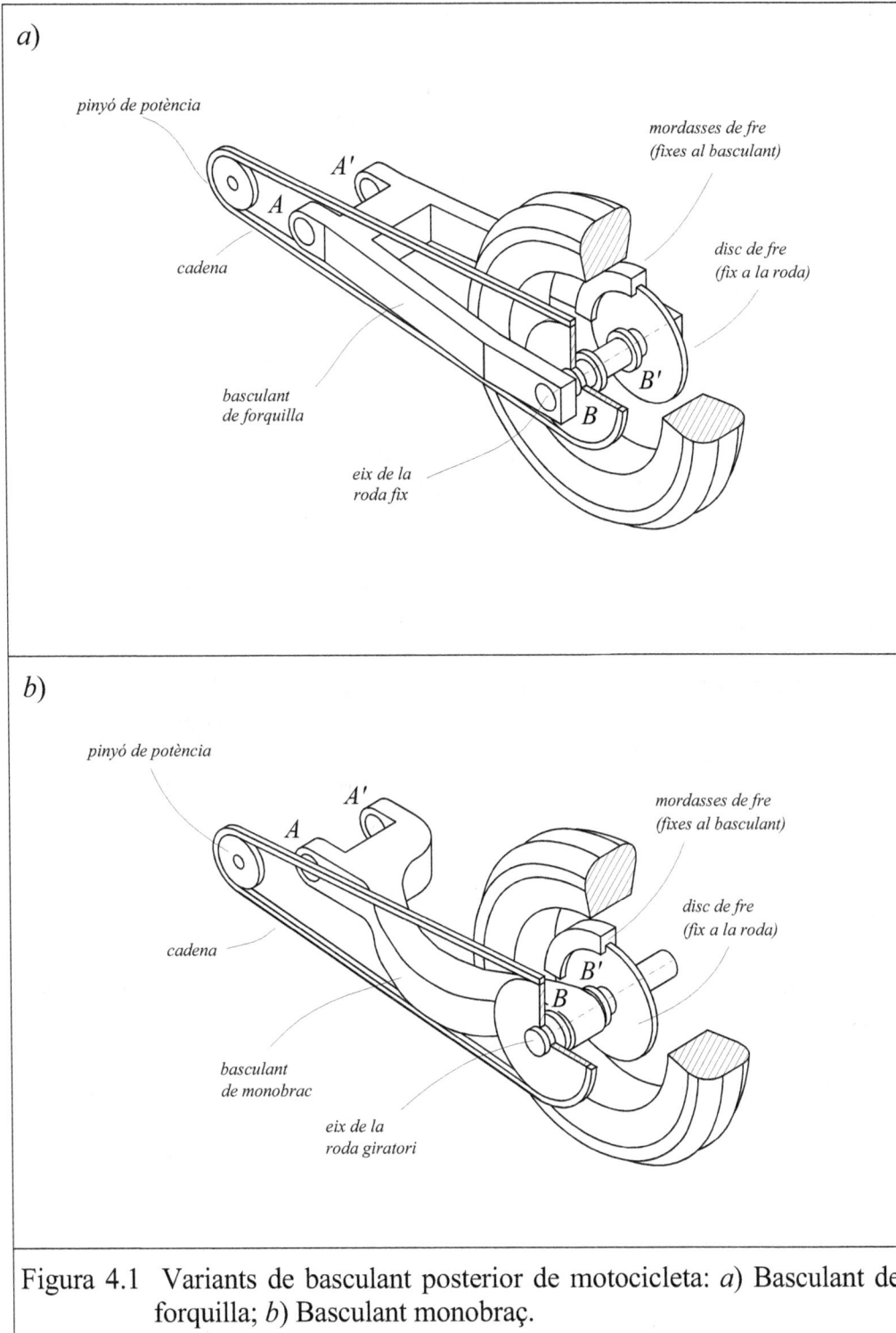

a)

pinyó de potència

mordasses de fre
(fixes al basculant)

A'

A

disc de fre
(fix a la roda)

cadena

B'

basculant
de forquilla

B

eix de la
roda fix

b)

pinyó de potència

mordasses de fre
(fixes al basculant)

A'

A

disc de fre
(fix a la roda)

cadena

B'

B

basculant
de monobrac

eix de la
roda giratori

Figura 4.1   Variants de basculant posterior de motocicleta: *a*) Basculant de forquilla; *b*) Basculant monobraç.

Disseny de materialització. Alternatives conceptuals

També es pot donar el cas que, en el moment de la materialització d'un determinat mecanisme que compleixi correctament els requeriments funcionals, no es trobi una solució constructiva satisfactòria, per la qual cosa cal pensar en un disseny conceptual (o mecanisme) alternatiu.

Exemple:
Mecanisme de la suspensió posterior d'una motocicleta

Tornant a l'exemple de la suspensió posterior d'una motocicleta, a continuació s'estudien dues alternatives per al sistema de molla-amortidor.

Suspensió per doble grup molla-amortidor (Fig. 4.2a). La solució clàssica per a les motocicletes amb basculant posterior de forquilla ha consistit en la col·locació de dos grups molla-amortidor que actuen sobre cada una de les branques de la forquilla. Aquest sistema té els avantatges de la simplicitat i de la simetria. Tanmateix, en analitzar el sistema amb més deteniment, s'observen alguns inconvenients: *a*) Cal que les molles siguin iguals en longituds i rigideses i cal un taratge igual dels dos amortidors; els desequilibris en aquests elements tendeixen a donar lloc a torsions del basculant segons un eix longitudinal i a desviacions laterals de la roda respecte al vehicle que es tradueixen en inestabilitats, fenòmens que s'acusen en motocicletes d'altes prestacions; *b*) Suposant un bon equilibri dels dos grups molla-amortidor, la tasca de modificar els seus paràmetres (operació molt freqüent en curses sobre terrenys variables) esdevé una tasca feixuga i incerta, ja que no tan sols cal obtenir uns paràmetres adequats al terreny, sinó també equilibrar els dos costats per a tota petita modificació.

Suspensió amb mecanisme de bieleta (Fig. 4.2b). Per resoldre els inconvenients anteriors, la majoria de motocicletes per a terrenys variables han adoptat un nou disseny conceptual del mecanisme consistent a situar un sol grup molla-amortidor sobre el pla de simetria en l'únic espai disponible entre la roda i el xassís. Aquesta disposició, prop de l'articulació del basculant, fa recomanable una amplificació o un canvi d'orientació del moviment a fi d'evitar unes molles i amortidors de força excessivament elevada i de cursa massa curta, efecte que s'obté per mitjà d'un punt de biela F d'un quadrilàter articulat *CDEA* dissenyat específicament. Gràcies, també, a la geometria més complexa del quadrilàter articulat, aquesta solució permet obtenir la progressivitat en la suspensió (la rigidesa augmenta amb l'enfonsament), efecte útil en salts i en grans moviments de la suspensió.

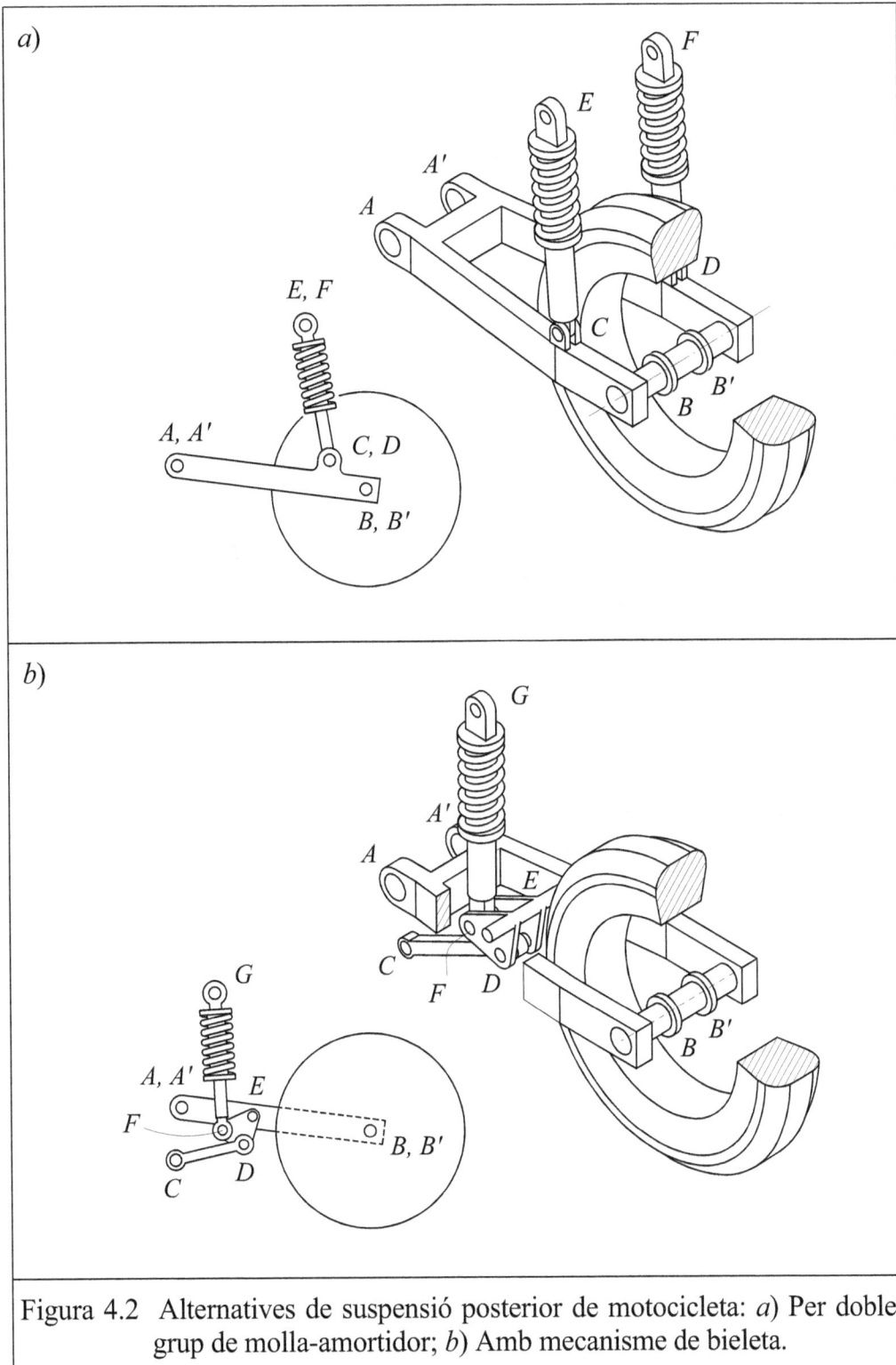

Figura 4.2 Alternatives de suspensió posterior de motocicleta: *a*) Per doble grup de molla-amortidor; *b*) Amb mecanisme de bieleta.

Funcions estructurals i conceptes relacionats

Des del punt de vista constructiu, les peces, components, conjunts i enllaços que materialitzen els mecanismes de les màquines, així com també determinats dispositius (motors i absorsors), realitzen en el si de les màquines dos tipus de *funcions estructurals*, l'anàlisi de les quals presenta un gran interès en l'etapa del disseny de materialització. Aquestes funcions són:

a)   *Funció de guiatge.* Consisteix en la imposició d'una trajectòria a un punt o a un membre d'una màquina referida a un altre membre o a la base (en la secció 4.3 es precisarà el concepte de *trajectòria*). Es defineix com a *força de guiatge* (o *moment de guiatge*) qualsevol acció exterior aplicada sobre un punt o un membre de la màquina en la direcció normal a la seva trajectòria, acció que, per tant, no genera treball ni potència.

b)   *Funció de transmissió.* Consisteix en la imposició d'un moviment en la direcció de la trajectòria d'un punt o d'un membre d'una màquina. Es defineix com a *força de transmissió* (o *moment de transmissió*) qualsevol acció exterior aplicada sobre un punt o un membre de la màquina en la direcció de la seva trajectòria, acció que genera, doncs, treball i potència.

De fet, les dues funcions estructurals sempre es troben simultàniament en el si de les màquines i dispositius. En alguns casos és preponderant la funció de guiatge, en altres casos és preponderant la funció de transmissió i, en d'altres, les dues funcions tenen una importància equilibrada.

La funció de guiatge pot existir amb independència de la funció de transmissió. Per exemple, el guiatge d'una porta per mitjà del seu sistema d'articulació, o el guiatge del carro d'un pont grua.

Contràriament, la funció de transmissió s'ha de sustentar en el guiatge dels membres de transmissió. En algunes circumstàncies, les mateixes forces de transmissió donen lloc al guiatge d'alguns membres (per exemple, el guiatge de l'eix del portasatèl·lits d'un tren planetari per les mateixes forces de transmissió dels engranatges; Fig. 6.8b), però, en la majoria dels casos, cal un sistema de guiatge independent de la funció de transmissió (per exemple, el guiatge d'una roda de motocicleta sobre el qual actua el sistema de molla-amortidor de la suspensió; Fig. 4.2).

A partir dels conceptes anteriors, es poden establir les definicions següents:

Sistema de guiatge. Està format pel conjunt de mecanismes que participen en les funcions de guiatge d'una màquina. Els seus elements reben el nom d'*enllaços de guiatge* i *membres de guiatge*, i són l'objecte dels dos propers capítols (Cap. 5 i 6).

Sistema de transmissió. Està format pel conjunt de mecanismes que participen en les funcions de transmissió d'una màquina. Els seus elements (alguns dels quals fan simultàniament funcions de guiatge i de transmissió) reben el nom d'*enllaços de transmissió* i *membres de transmissió*. El *sistema d'accionament*, que inclou els motors, les transmissions i els absoçors, és l'objecte del proper fascicle d'aquesta obra: *Disseny de Màquines III. Accionaments*.

Estructura mecànica. Està formada pel conjunt de mecanismes i dispositius que participen en les funcions de guiatge i de transmissió d'una màquina i és la superposició dels sistemes de guiatge i de transmissió (o del sistema d'accionament, si incorpora els motors i absoçors).

Concepte d'estructura constructiva

Es designa per *estructura constructiva* l'organització de les funcions de guiatge i de transmissió en el si d'una màquina i la seva distribució entre les diferents peces, components, conjunts i enllaços que materialitzen els mecanismes de la màquina i els seus elements.

Les exigències constructives (la geometria, la resistència i la rigidesa, fonamentalment) d'una i altra funció són diferents (Sec. 4.2, 4.3 i 4.4), i tot bon projectista les ha de tenir ben presents en el disseny de l'estructura constructiva d'una màquina, tasca decisiva en l'etapa de la seva materialització.

La majoria de textos de disseny de màquines se cenyeixen a l'estudi dels elements i mecanismes més freqüents, generalment de transmissió, sense sistematitzar l'anàlisi de les funcions estructurals que realitzen. Aquest text, després d'estudiar les característiques de les funcions de guiatge i de transmissió de les màquines, centra l'atenció, com ja s'ha dit, en els elements que intervenen en la funció de guiatge, tractats menys freqüentment en la literatura especialitzada.

Exemples de funcions estructurals en les màquines

L'objecte dels paràgrafs següents és il·lustrar les funcions estructurals de les màquines per mitjà de dos exemples en què el sistema de guiatge i el sistema de transmissió (o sistema d'accionament) són fàcilment destriables. Més endavant (Sec. 4.4) s'estudien diferents alternatives d'estructura constructiva per a una mateixa màquina o part de màquina.

Braç de màquina retroexcavadora (Fig. 4.3)

El braç d'una màquina retroexcavadora ha de presentar una mobilitat notable a fi d'accedir, amb certa precisió, a la zona de treball que es troba, en la part operativa, per sota el nivell del terra i, en la part de descàrrega, per damunt d'aquest nivell.

El sistema de guiatge és un mecanisme de cadena cinemàtica oberta format per 5 membres (1, el vehicle, que fa de base; 2, suport giratori del braç; 3 i 4, primer i segon trams del braç; i 5, la pala) i per 4 articulacions de revolució (*A*, *B*, *C* i *D*). El seu grau de mobilitat és 4: la pala pot prendre qualsevol posició i orientació (posa) dintre d'una certa àrea del treball en el pla del dibuix (3 graus de mobilitat) i aquest pla pot prendre qualsevol orientació dintre d'un cert angle de treball en relació a l'articulació *A* (1 grau de mobilitat més). Les articulacions *A*, *B*, *C* i *D* poden absorbir forces en totes les direccions i parells perpendiculars als seus eixos (direccions x i z per a l'articulació *A*, i direccions x i y per a les articulacions restants). Una força exterior sobre la pala perpendicular al pla del dibuix actua com una força de guiatge sobre les articulacions *B*, *C* i *D*, però com una força de transmissió sobre l'articulació *A* i el seu accionament *MH*.

El sistema de transmissió (o sistema d'accionament) està format pels accionaments dels 4 moviments independents de l'estructura de guiatge. El motor hidràulic *MH* mou l'eix *A*, i els cilindres hidràulics CH_1, CH_2 i CH_3 mouen respectivament els eixos de les articulacions *B*, *C* i *D*. El moviment d'aquesta darrera articulació es transmet per mitjà del quadrilàter articulat (4-12-13-5, amb les barres addicionals 12 i 13) a fi de facilitar un gir proper als 180° de la pala 5, transmissió que no seria adequada amb un cilindre hidràulic connectat directament a la pala (la posició extrema tancada sobrepassaria el punt mort del mecanisme; Fig. 4.3c). De fet, la barra 12 és un membre de guiatge lligat a la transmissió del cilindre CH_3.

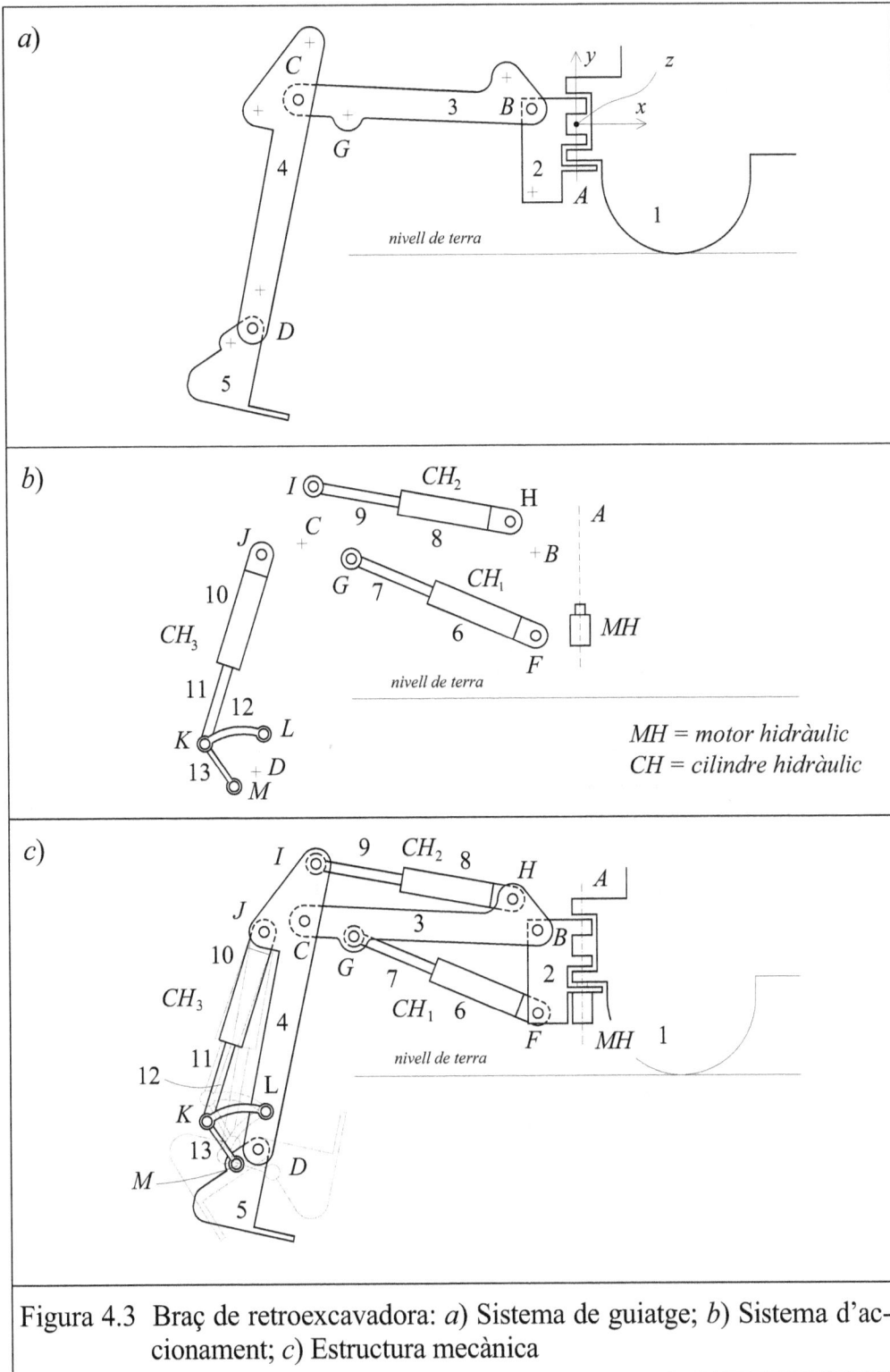

Figura 4.3 Braç de retroexcavadora: *a*) Sistema de guiatge; *b*) Sistema d'accionament; *c*) Estructura mecànica

Roda davantera motriu d'automòbil

La figura 4.4 mostra una roda davantera motriu d'automòbil amb les funcions de guiatge i de transmissió materialitzades per sistemes separats.

La figura 4.4a presenta l'estructura de guiatge de la roda, consistent en un quadrilàter articulat format pels membres 1-2-3-4. Els membres 2 i 4, o triangles superposats, estan units al xassís 1 per mitjà de dues articulacions de revolució (A-A' i B-B'); la biela 3, suport de la roda, està unida als extrems dels triangles 2 i 4 per mitjà de dues articulacions de ròtula (C i D) i té un guiatge de 2 graus de mobilitat: el moviment de suspensió (translació aproximadament vertical respecte al xassís) i el moviment de direcció (gir del suport de roda 3 segons l'eix definit per les dues ròtules). A més, la roda gira lliurement al voltant d'un eix sensiblement horitzontal gràcies a una articulació de revolució materialitzada pels rodaments E i E'. En total la roda 5 té, doncs, 3 graus de mobilitat.

La figura 4.4b presenta el sistema de transmissió que actua sobre els moviments guiats de la roda, compost per 5 mecanismes o dispositius independents. El moviment de suspensió té associats dos dispositius de transmissió: la barra de torsió, 6, que fa de molla, unida per un extrem al triangle inferior 2 (unió estriada F) i per l'altre extrem al xassís (unió estriada G); l'amortidor (membres 7 i 7'), unit al triangle inferior 2 per mitjà de l'articulació H i al xassís per mitjà de l'articulació I (actuen com a ròtules). El moviment de direcció té associat un sol mecanisme de transmissió: la barra de direcció, formada per la cremallera 8' (que llisca en una guia fixa al xassís) i la bieleta 8 entre ròtules (J i K) que la uneix al braç de direcció, solidari al suport de roda 3. Finalment, el moviment de rotació de la roda té associats dos mecanismes de transmissió: l'arbre motriu, format de tres parts, 9, 9' i 9", unides per la junta homocinètica N (possibilita el moviment de direcció) i la junta de Cardan P (facilita el moviment de suspensió), el qual enllaça, per un extrem, amb la sortida del diferencial (unió estriada M), i per l'altre, passant per l'interior del suport 3, amb la roda (unió estriada L); i el dispositiu de fre, amb la part fixa unida al suport de roda (unió R), el qual actua per mitjà de dues mordasses flotants (10' i 10") sobre la zona Q del disc de fre que gira amb la roda.

Qualsevol esforç sobre la roda en les direccions dels moviments permesos pel sistema de guiatge és absorbit per les transmissions, mentre que els esforços en altres direccions són absorbits pel sistema de guiatge.

a)

moviment de direcció

moviment de suspensió

B

4

B'

R

C

A

1, xassís

2

A'

Q

3

F

E'

E

H

moviment de rotació

D

J

disc de fre

5

b)

amortidor

I

M

junta de Cardan

junta homocinètica

P

cremallera

6, 7 *transmissió de suspensió (molla-amortidor)*

fre 10' 10

10"

R

N

9"

9'

8'

barra de torsió

8 *transmissió de suspensió*

Q

7

9

7'

8

F

G

9, 10 *transmissió motriu suspensió (molla-amortidor)*

L

H

K

6

arbre de transmissió

barra de direcció

J

c)

L

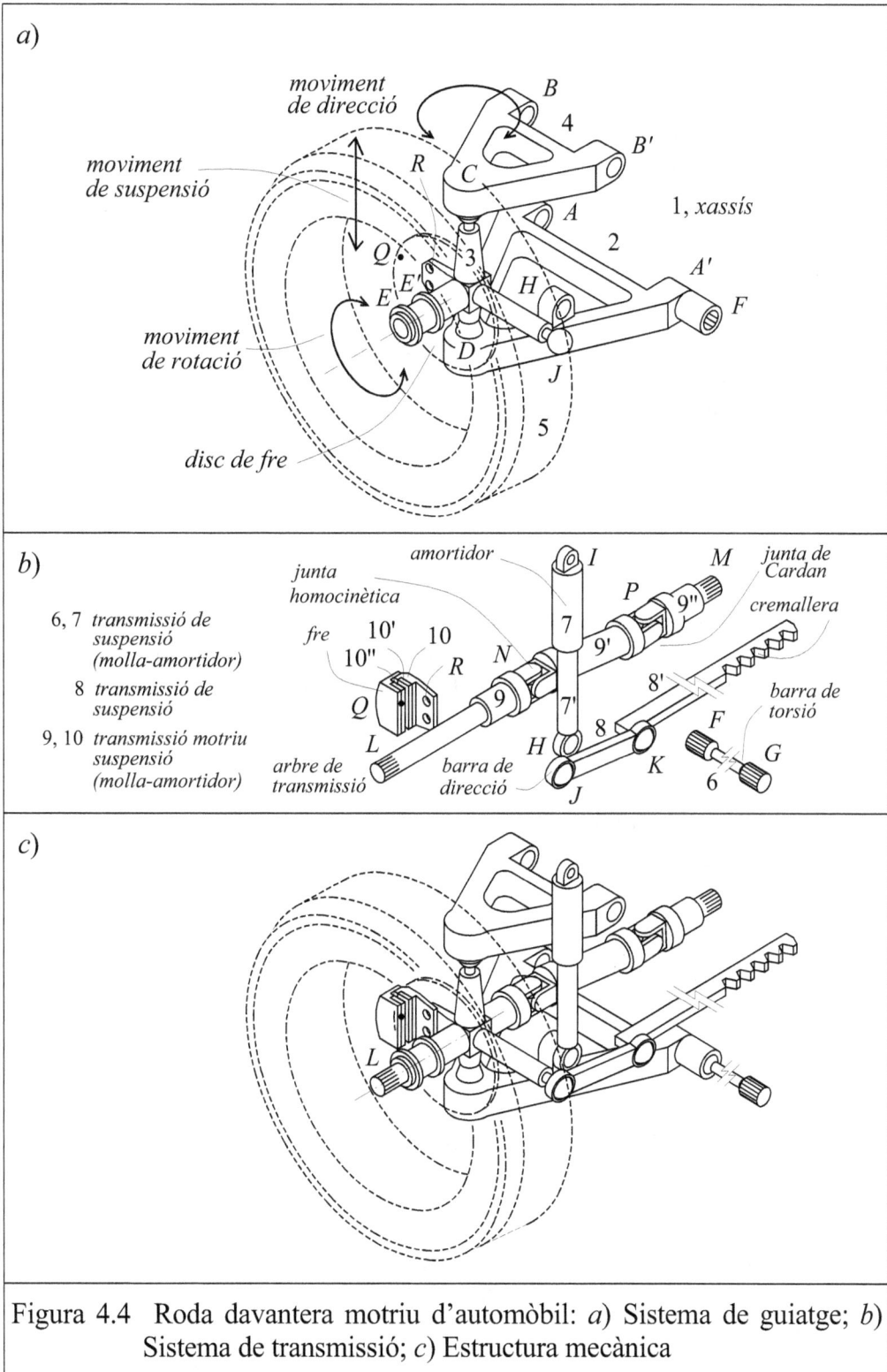

Figura 4.4   Roda davantera motriu d'automòbil: *a*) Sistema de guiatge; *b*) Sistema de transmissió; *c*) Estructura mecànica

4.2 Funció de guiatge

La *funció de guiatge*, i el sistema de guiatge que la realitza, tenen per objectius fonamentals els dos següents:

a)   La imposició, per mitjà d'un mecanisme, d'una trajectòria a un punt o a un membre d'una màquina referida a un altre membre o a la base.

b)   L'absorció de les forces i moments de guiatge que tendeixen a desplaçar els punts o membres guiats de les trajectòries imposades, la qual cosa implica una geometria adequada del mecanisme i una rigidesa i resistència suficients dels elements que intervenen en el guiatge.

El concepte de trajectòria utilitzat en aquest text amplia l'accepció habitual en els següents aspectes:

Trajectòria de punts/Trajectòria de poses. Successió de posicions que pot adoptar un punt mòbil d'una màquina referida a un membre o a la base (3 coordenades a l'espai i 2 en el pla) / Successió de poses (posició + orientació) que pot adoptar un membre mòbil d'una màquina referida a un altre membre o a la base (6 coordenades a l'espai i 3 en el pla).

Trajectòria/hipertrajectòria. Trajectòria de punts o de poses que depèn d'una sola coordenada independent (1 grau de llibertat) / Trajectòria de punts o de poses que depèn de més d'una coordenada independent (diversos graus de llibertat). El grau de llibertat d'una trajectòria és igual al grau de mobilitat del sistema de guiatge, o inferior, si hi ha redundància.

Alguns exemples il·lustren aquests conceptes:

1)   *Trajectòria de punts*: Un punt de biela de quadrilàter articulat pla.

2)   *Hipertrajectòria de punts*; L'extrem del braç extensible d'una grua de port (grau de llibertat 2, gràcies als moviments de gir i extensió).

3)   *Trajectòria de poses*: La biela d'un quadrilàter articulat pla, respecte de la base; Una porta respecte al marc (Fig. 4.5), essent la posició de l'eix fixa; L'ala extensible respecte a la taula (Fig. 4.6), essent l'orientació constant.

4)   *Hipertrajectòria de poses*: La pala de màquina retroexcavadora respecte al vehicle (grau de llibertat 4; Fig. 4.3); La roda motriu davantera d'un automòbil respecte al xassís (grau de llibertat 3; Fig. 4.4); El terminal d'un robot industrial de més de 6 eixos, respecte a la base (grau de llibertat, com a màxim, de 6; existència de redundància).

Guiatge de moviments plans

La funció de guiatge és essencialment espacial, ja que un dels seus objectius és absorbir les forces i moments de guiatge en totes les direccions excepte les dels moviments. Com més restringit és el grau de llibertat de la trajectòria, més gran és el nombre de direccions d'absorció de forces i moments de guiatge i, en general, més complexa resulta la solució constructiva dels elements (enllaços i membres) implicats en el sistema de guiatge.

Les planes que segueixen centren l'atenció en el guiatge de moviments plans (els més freqüents en les màquines) d'un sol grau de llibertat (són els que es controlen més fàcilment per mitjà d'un accionament). Cal tenir en compte que, en la major part d'aplicacions en què un membre segueix una hipertrajectòria (tecnígraf, pala de màquina retroexcavadora; terminal d'un robot industrial, etc.), el sistema de guiatge és una cadena cinemàtica oberta on cada membre és guiat amb l'anterior per mitjà d'un enllaç o d'un mecanisme pla d'un grau de mobilitat. L'anàlisi es pot realitzar, pas a pas, bloquejant tots els moviments excepte el que s'estudia.

En l'estudi del guiatge de moviments plans s'estableixen els conceptes següents:

Cadena de guiatge. És el conjunt d'elements (enllaços i membres) del sistema de guiatge que intervenen en la determinació del moviment pla i que absorbeixen les forces de guiatge contingudes en el pla i els moments de guiatge perpendiculars al pla. La seva geometria varia amb el moviment i, per tant, cal avaluar l'adequació del guiatge en tota la gamma de posicions utilitzades.

Estructura de guiatge. És el conjunt d'elements (enllaços i membres) del sistema de guiatge que suporten les forces de guiatge perpendiculars al pla i els moments de guiatge continguts en el pla. Ha d'assegurar una adequada resistència i rigidesa en aquestes direccions.

La cadena de guiatge i l'estructura de guiatge no han de ser necessàriament coincidents per a un mateix mecanisme que fa una funció de guiatge. En general, sol existir una certa llibertat en l'elecció de la geometria de la cadena de guiatge, així com també en l'elecció dels elements que formen l'estructura de guiatge i en les solucions constructives que poden adoptar.

Cadena de guiatge. Angle de guiatge

En el guiatge de moviments plans d'un sol grau de llibertat, tota força de guiatge, F_g, es descompon en dues reaccions de guiatge de línies d'acció concurrents amb la primera, procés que es pot seguir fins a arribar als enllaços amb la base. Aquesta descomposició, que té lloc, o bé sobre un membre sotmès a tres forces (Fig. 4.5a), o bé sobre un nus que articula tres membres (Fig. 4-.5b), és funció dels angles que formen les línies d'acció de les forces (un moment de guiatge s'absorbeix desplaçant la força de guiatge o es descompon en dues forces paral·leles; cas del tecnígraf).

Un bon guiatge és aquell en què les reaccions de guiatge són aproximadament de la magnitud de la força de guiatge: els enllaços i membres experimenten càrregues moderades i s'obté una bona rigidesa del conjunt. Quan aquestes reaccions esdevenen desmesuradament grans, és símptoma que el mecanisme s'acosta a una posició inadequada per al guiatge.

A partir dels esquemes de les figures 4.5a i 4.5b es poden establir les definicions següents:

Angle de guiatge (γ_1, si correspon al membre 1, i γ_A, si correspon al nus A; Fig. 4.5a i 4.5b). És el més petit dels angles que formen les dues direccions de les reaccions de guiatge.

Angles d'orientació (γ_{1A}, si correspon al membre 1 i a la reacció de guiatge que passa per A, i γ_{A1}, si correspon al nus A i a la direcció de guiatge de la barra 1; Fig. 4.5a i 4.5b). Són els angles que formen la direcció de la força de guiatge amb les direccions de les reaccions de guiatge, i la seva suma algebraica és l'angle de guiatge.

Les reaccions de guiatge es poden expressar de la forma següent en funció de la força de guiatge:

$$R_{1A} = F_g \cdot \frac{sin\gamma_{1B}}{sin\gamma_1} \qquad\qquad R_{1B} = F_g \cdot \frac{sin\gamma_{1A}}{sin\gamma_1} \qquad\qquad (1)$$

a)

$$R_{1A} = F_g \cdot \frac{sin \ \gamma_{1B}}{sin \ \gamma_1}$$

$$R_{1B} = F_g \cdot \frac{sin \ \gamma_{1A}}{sin \ \gamma_1}$$

b)

$$R_{A2} = F_g \cdot \frac{sin \ \gamma_{A3}}{sin \ \gamma_A}$$

$$R_{A3} = F_g \cdot \frac{sin \ \gamma_{A2}}{sin \ \gamma_A}$$

c)

| γ_1 | $R_{1màx} \ / F_g$ |
γ_A	$R_{Amàx} \ / F_g$
90	1,00
70	1,06
50	1,30
30	2,00
20	2,92
10	5,76
5	11,47
0	∞

d)

$$\gamma_{A3} > \gamma_{A2}$$

$$R_{A2} = F_g \cdot \frac{sin \ \gamma_{A3}}{sin \ \gamma_A} = F_g \cdot \frac{s \ s_3}{s_2 \ s_3}$$

e)

$$\gamma_1 = 0$$

$$s \ s_A > s \ s_B$$

$$R_{1B} = F_g \cdot \frac{s \ s_A}{s_A s_B}$$

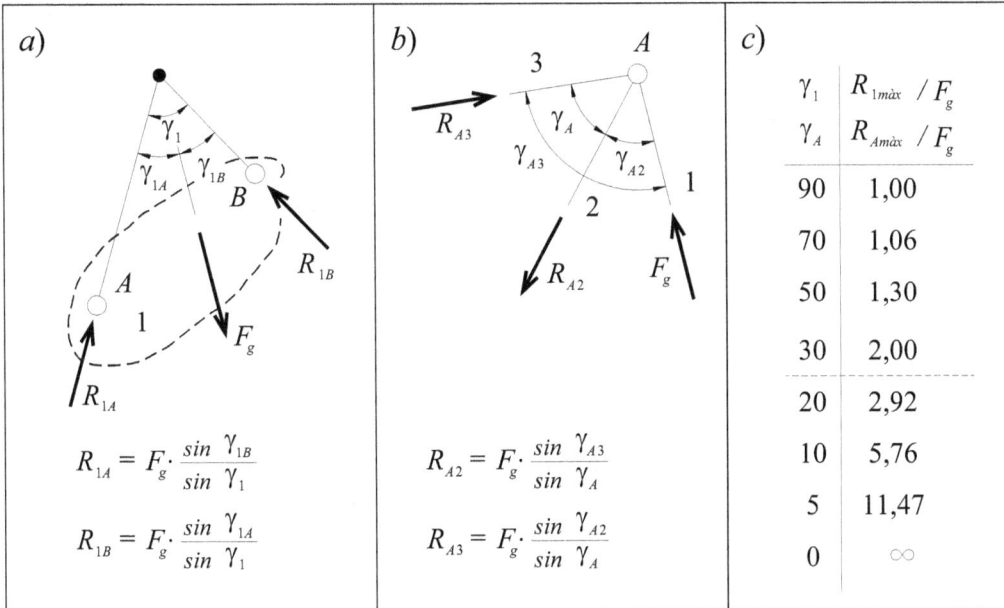

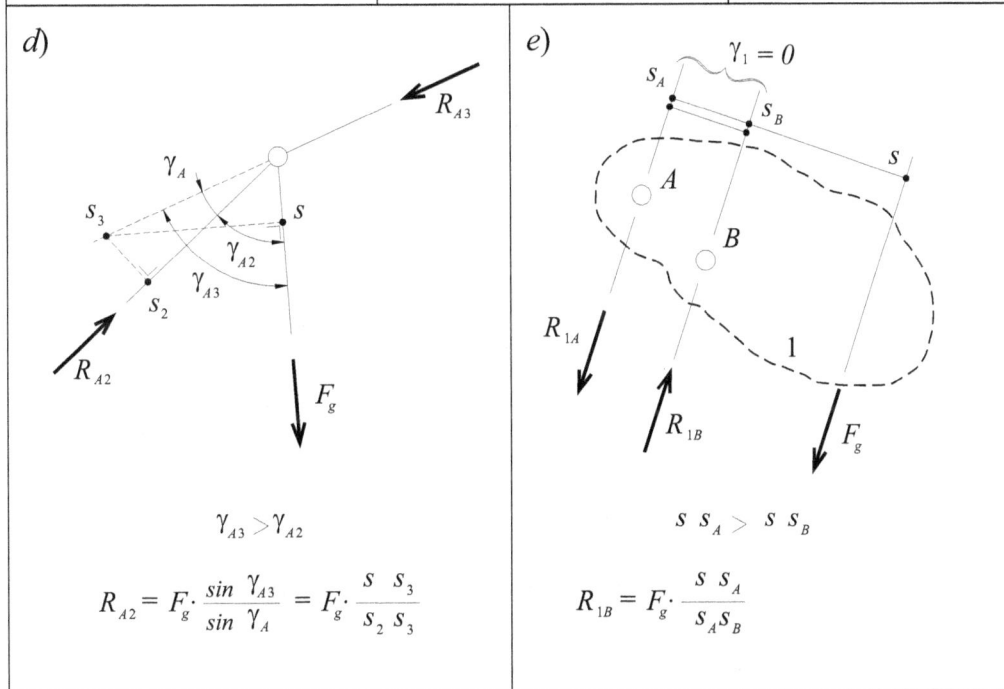

Figura 4.5 Definició geomètrica de l'angle de guiatge: *a*) Un membre sotmès a tres forces; *b*) Un nus que articula tres barres; *c*) Valors màxims de les reaccions de guiatge; *d*) Angle de guiatge petit i comparació per mitjà de distàncies normals; *e*) Angle de guiatge nul (forces paral·leles)

Una reacció de guiatge esdevé màxima quan l'angle d'orientació de l'altra força és recte i, aleshores, la relació entre la reacció de guiatge màxima i la força de guiatge esdevé la inversa del sinus de l'angle de guiatge. La petita taula de la figura 4.5c mostra que l'angle de guiatge òptim és de 90° i que les reaccions de guiatge més desfavorables es mantenen dintre de valors moderats fins a un angle de guiatge de 30°; per tant, el guiatge es pot considerar sempre adequat dintre d'aquest ventall de valors.

Si l'angle de guiatge disminueix per sota de 30° (i de forma molt acusada quan s'acosta a zero), la reacció de guiatge màxima creix molt i el guiatge pot esdevenir defectuós. El guiatge, però, pot continuar essent acceptable sempre que el més gran dels angles d'orientació sigui adequat (el quocient entre els sinus de l'angle d'orientació i el de guiatge no doni lloc a un factor multiplicador massa elevat). Quan l'angle de guiatge és molt petit (Fig. 4.5d) o zero (forces són paral·leles; Fig. 4.5e), gràficament es percep millor la qualitat del guiatge si es comparen les distàncies normals a les línies d'acció de les forces en lloc dels angles.

Exemples d'aplicació de l'angle de guiatge

Mecanisme de braç extensible de grua. La figura 4.6 mostra tres versions d'un mateix mecanisme de braç extensible de grua (Vegeu Sec. 3.3 del primer fascicle). En les versions primera i segona, l'angle de guiatge, γ_2, és molt petit, fet que pot donar lloc a un guiatge incorrecte; en efecte, en la figura 4.6a, l'angle d'orientació, γ_{2B}, és molt gran i el guiatge esdevé molt insatisfactori, mentre que, en la figura 4.6b, aquest inconvenient es compensa parcialment amb la disminució de l'angle d'orientació. En la tercera versió (Fig. 4.6c), la solució ha estat molt millorada gràcies a un substancial augment de l'angle de guiatge.

Mecanisme amb dos angles de guiatge. La figura 4.7 mostra un mecanisme en l'estudi del qual apareixen dos angles de guiatge: un d'aquests, γ_2, és de valor acceptable per a la posició del dibuix, mentre que l'altre, γ_4, presenta un valor molt petit desfavorable per al guiatge. La figura 4.7a mostra una força de guiatge aplicada al punt H que dóna lloc a un angle d'orientació, γ_{4F}, gran i, per tant, a un guiatge deficient; mentre que la figura 4.7b mostra, per al mateix mecanisme, una força de guiatge aplicada al punt J que dóna lloc a un angle d'orientació, γ_{4F}, petit i a un guiatge acceptable.

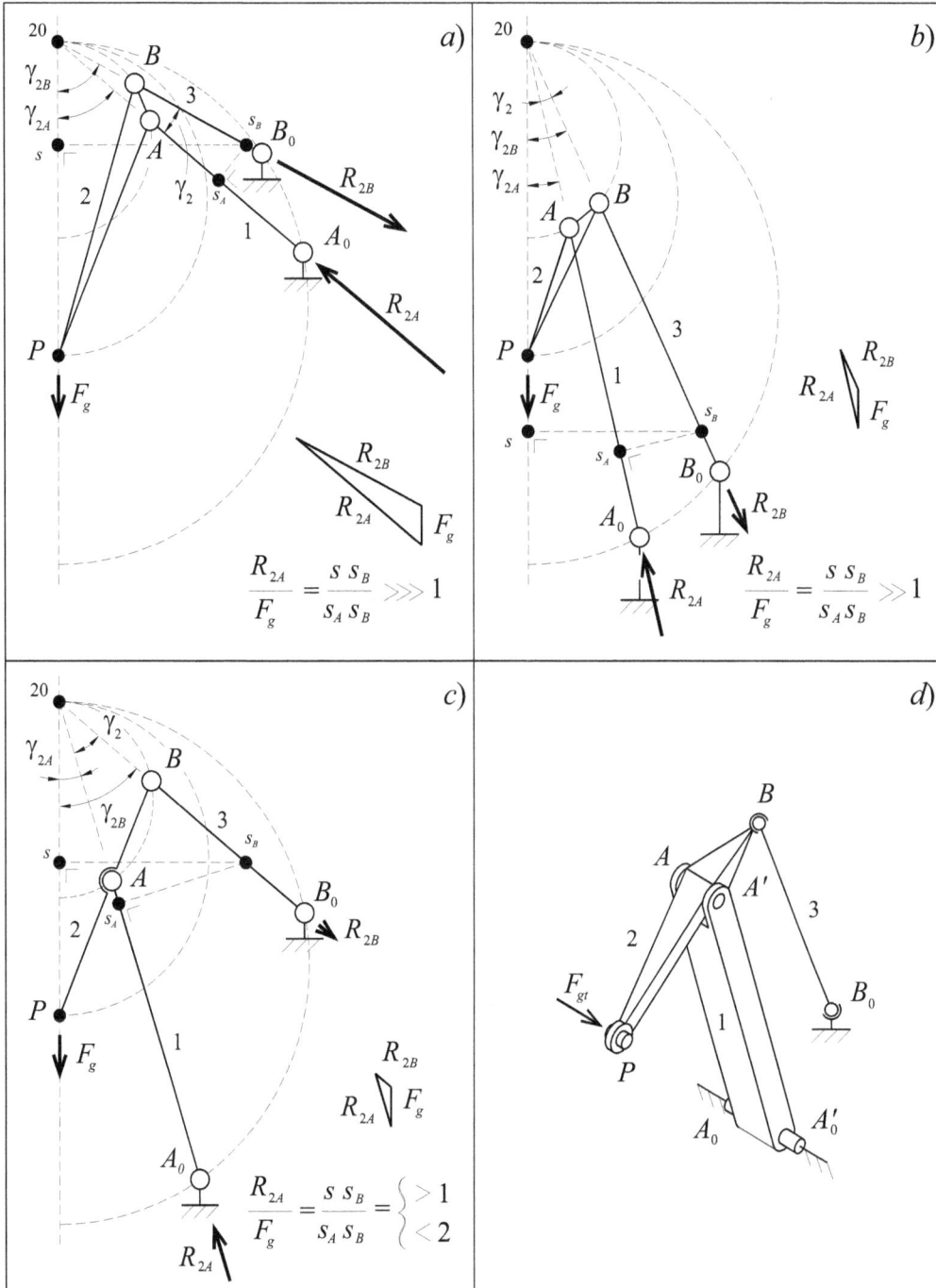

$$\frac{R_{2A}}{F_g} = \frac{s \; s_B}{s_A \; s_B} \ggg 1$$

$$\frac{R_{2A}}{F_g} = \frac{s \; s_B}{s_A \; s_B} \ggg 1$$

$$\frac{R_{2A}}{F_g} = \frac{s \; s_B}{s_A \; s_B} = \begin{cases} > 1 \\ < 2 \end{cases}$$

Figura 4.6   Mecanismes de braç extensible de grua: *a*) Angles de guiatge i d'orientació molt desfavorables; *b*) Angles de guiatge desfavorables i angles d'orientació menys desfavorables; *c*) Angle de guiatge millorat; *d*) Estructura de guiatge (membres 1 i 2)

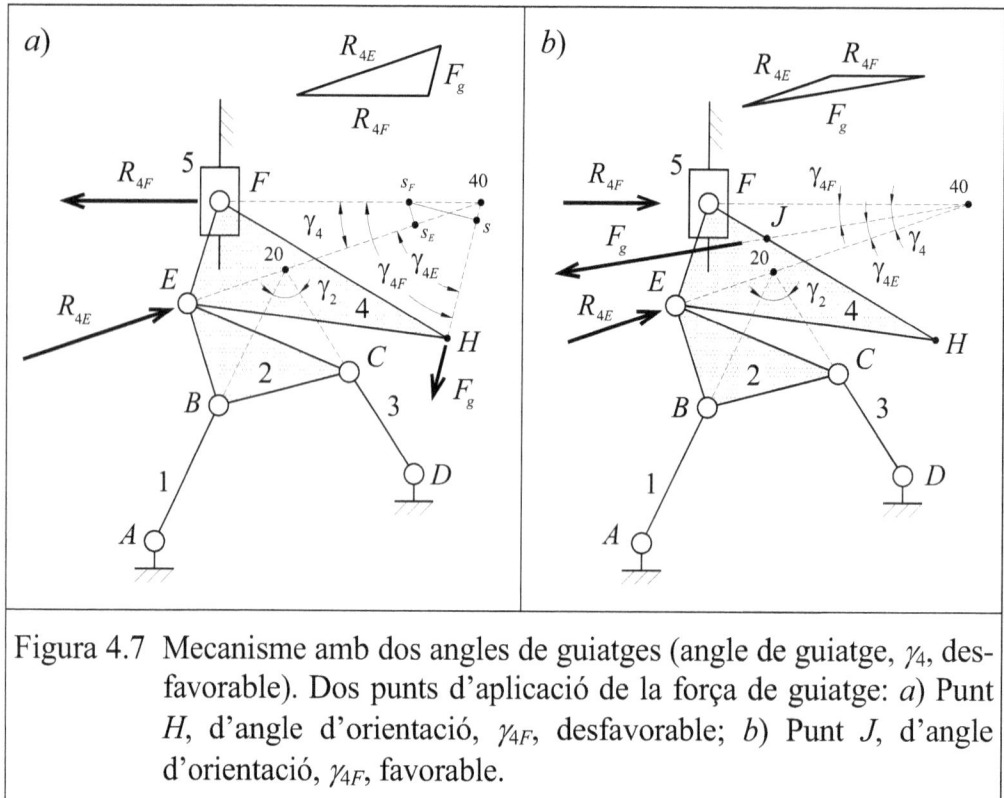

Figura 4.7 Mecanisme amb dos angles de guiatges (angle de guiatge, γ_4, des-
favorable). Dos punts d'aplicació de la força de guiatge: *a)* Punt
H, d'angle d'orientació, γ_{4F}, desfavorable; *b)* Punt *J*, d'angle
d'orientació, γ_{4F}, favorable.

Estructura de guiatge

L'aptitud de l'estructura de guiatge no es modifica amb el moviment, però sí
les distàncies i direccions d'aplicació de les forces i moments de guiatge. Les
principals característiques dels elements de l'estructura de guiatge són:

Enllaços de guiatge. Enllaços capaços de transmetre reaccions de guiatge en
totes les direccions excepte en les del moviment. Els valors d'aquestes
reaccions responen a causes conegudes (pesos, usos previstos, reaccions
de les transmissions) però també a accions o pertorbacions no previstes i
d'avaluació difícil (utilitzacions no habituals, col·lisions, deformacions
en els suports).

Membres de guiatge. Membres que intervenen en l'estructura de guiatge d'u-
na màquina (inclòs el guiatge d'elements de transmissió), ja sigui com a
base o com a membre mòbil. En general, tenen una geometria complexa
i estan sotmesos a sol·licitacions que donen lloc tensions i deformacions
d'avaluació difícil si no és per mitjà de mètodes numèrics, en la fase de
disseny, o experimentals, en la fase de prototipus.

Exemple d'estructura de guiatge

Mecanisme de braç extensible de grua. La figura 4.6d mostra un bon exemple d'estructura de guiatge formada pels membres 1 i 2, i les articulacions de revolució A_o-A_o' i A-A'; també es podria haver format l'estructura de guiatge a partir dels membres 3 i 2 i les articulacions B i B_o, però presentaria l'inconvenient constructiu que el membre 1, format per una barra prima, estaria sotmès a compressió.

Anàlisi d'estructures de guiatge simples

A continuació presenten dos exemples elementals d'estructura de guiatge, el primer de rotació i el segon de translació, on es mostra la complexitat que pot adquirir la solució constructiva dels elements de guiatge.

A)   ***Guiatge de rotació***
        Articulació d'una porta

Guiatge d'un membre mòbil (la porta) respecte a la base (el marc) per mitjà d'un enllaç de revolució, tipus R, materialitzat pel sistema de frontissa (vegeu la Fig. 4.8).

Moviments i reaccions. L'únic moviment possible de la porta respecte al marc (independentment de les forces que se li apliquin) és el d'una rotació segons l'eix z (θ_z) i les reaccions que el sistema de frontissa és capaç d'absorbir són forces en les direccions x, y i z (F_x, F_y i F_z), i parells en les direccions x i y (M_x i M_y).

Estats de sol·licitació. Una porta, el seu marc i el sistema de frontissa poden estar sotmesos a múltiples (i sovint imprevisibles) estats de sol·licitació derivats d'accions com ara: *a*) El pes aplicat al centre de gravetat de la porta, P, fàcilment avaluable però ineludible; *b*) La col·locació d'altres càrregues d'avaluació més difícil (roba en un penjador, pesos en el pom); *c*) Una acció horitzontal tendent a obrir la porta, F_H, i la reacció d'un topall fix a terra, F_T (quan aquestes accions són fruit d'un cop de porta, l'avaluació de les forces és molt difícil i depèn de les masses i elasticitats dels elements en joc); *d*) O l'efecte de la interposició (voluntària o fortuïta) d'un sòlid entre la porta i el marc quan aquesta tendeix a tancar-se.

Tant el sistema de frontissa, que materialitza l'enllaç, com el marc i la porta, que materialitzen els membres de guiatge, han d'estar disposats i dimensionats de manera que ofereixin una resistència i una rigidesa adequada als diversos casos de sol·licitació.

Solucions constructives

Cas 1. Frontissa única. Des d'un punt de vista ideal, n'hi hauria prou per al guiatge amb una sola frontissa situada en la part central de la porta (Fig. 4.8b). Tanmateix, qualsevol dels estats de sol·licitació descrits originaria uns moments excessius sobre la frontissa i les seves unions, i una falta de rigidesa del guiatge (la porta tendiria a pivotar sobre la zona de l'articulació). Tan sols amb una frontissa única al llarg de tota la porta (tipus frontissa de piano) el guiatge esdevindria correcte.

Cas 2. Doble frontissa (o *polleguera-pivot cilíndric*). Per suportar correctament els moments sobre el sistema de guia, es col·loquen dues frontisses alineades (Fig. 4.8c). Aquesta solució dóna lloc a un sistema amb un grau d'hiperstaticitat elevat, $h=5$ (Sec. 2.3 del primer fascicle), que demana, en principi, una bona alineació; tanmateix, gràcies als jocs de la frontissa i a la flexibilitat de la porta, s'admet un cert grau de desalineació. Una altra solució constructiva semblant és la d'un enllaç de polleguera (suport axial i radial) en la part inferior i un pivot cilíndric (parell cinemàtic cilíndric) en la part superior; ara, el grau d'hiperstaticitat és $h=4$, i, també gràcies als jocs i a la flexibilitat, s'admet un cert grau de desalineació.

Cas 3. Triple frontissa. És freqüent en les portes la col·locació de tres frontisses alineades (Fig. 4.8d). El sistema presenta un altíssim grau d'hiperstaticitat, $h=10$, però anàlogament al cas anterior, els jocs i les flexibilitats dels elements disminueixen la precisió necessària en el muntatge de les frontisses. L'interès d'aquesta tercera frontissa és proporcionar una més gran rigidesa al conjunt sense augmentar la rigidesa dels elements (porta, marc i frontisses).

B) **Guiatge de translació**
Guiatge d'una ala de taula desplegable

Guiatge d'un membre mòbil (l'ala) respecte a la base (la taula) mitjançant un enllaç prismàtic, tipus *P*, materialitzat pel sistema de barres del guiatge lineal (Fig. 4.9).

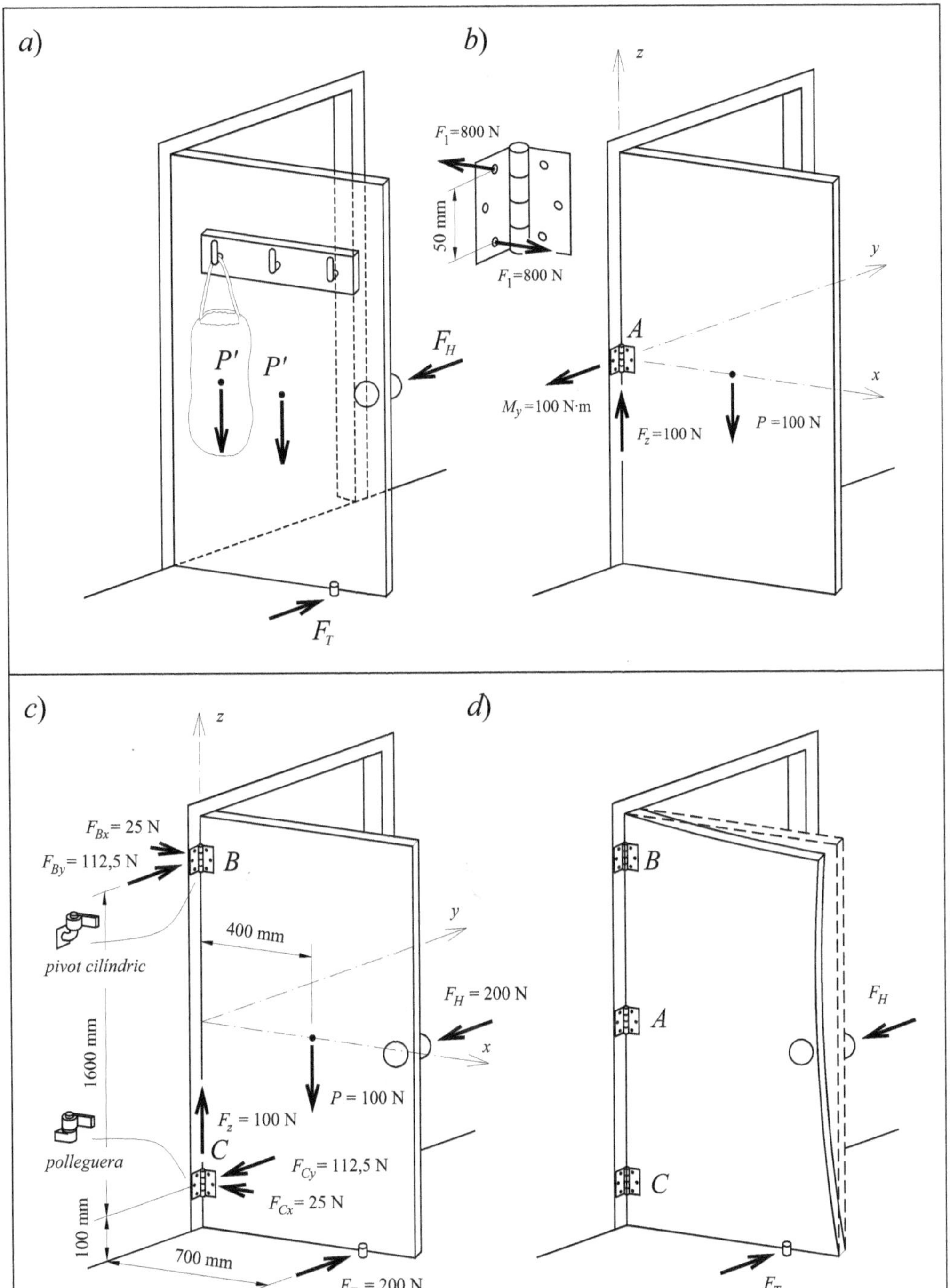

a)

b)

c)

d)

Figura 4.8   Articulació d'una porta: *a*) Estats de sol·licitació; *b*) Frontissa única; *c*) Doble frontissa; *d*) Triple frontissa

Moviments i reaccions. L'únic moviment possible de l'ala respecte a la taula (independentment de les forces que se li apliquin) és el d'una translació segons l'eix x (δx) i les reaccions que el sistema de guia és capaç d'absorbir són forces en les direccions y i z (F_y i F_z), i parells en totes les direccions (M_x, M_y i M_z).

Estats de sol·licitació. Un ala de taula desplegada pot estar sotmesa a múltiples i difícilment avaluables estats de sol·licitació, entre els quals hi ha els que es descriuen a continuació: *a*) Una càrrega centrada a l'extrem de l'ala, F_1; *b*) Una càrrega descentrada a l'extrem de l'ala, F_2; *c*) Una empenta transversal a l'extrem de l'ala, F_3. Cal tenir en compte que aquestes sol·licitacions poden ser puntualment molt superiors a les d'ús habitual (una persona que s'asseu sobre l'extrem de l'ala; un objecte que col·lisiona lateralment amb l'ala desplegada) i, tant el sistema de barres del guiatge lineal que materialitza l'enllaç com l'ala i la taula que materialitzen els membres de guiatge, han d'estar disposats i dimensionats de manera que ofereixin una adequada resistència i rigidesa per a aquests casos de sol·licitació.

Solucions constructives

Cas 1. Guia única. Des d'un punt de vista ideal, amb una sola guia situada en la part central de la taula (guia *A*, Fig. 4.9b) n'hi hauria prou per guiar l'ala, però qualsevol dels estats de sol·licitació descrits anteriorment provocaria deformacions i esforços excessius sobre els elements de guiatge.

Cas 2. Dues guies alineades. Per suportar correctament els moments segons els eixos *y* i *z* es disposen dues guies alineades (*A* i *A'*) sobre la mateixa barra (Fig. 4.9c). Cal tenir en compte que aquest és un sistema amb grau d'hiperstaticitat elevat, *h*=5 (Sec. 3.3 del primer fascicle), per la qual cosa les guies haurien d'estar ser ben alineades; tanmateix, gràcies als jocs de les guies lineals i a la flexibilitat de l'ala i la taula, s'admet un cert error d'alineació.

Cas 3. Quatre guies. La solució constructiva anterior és molt feble davant l'aplicació de forces descentrades, com la F_2. Per evitar-ho, s'acostuma a guiar l'ala amb quatre guies paral·leles (*A* i *A'*, *B* i *B'*) alineades dues a dues sobre un parell de barres (Fig. 4.9d). El sistema presenta un alt grau d'hiperstaticitat, *h*=15, però com en el cas anterior, els jocs i flexibilitats dels elements disminueixen la precisió necessària en el muntatge i funcionament.

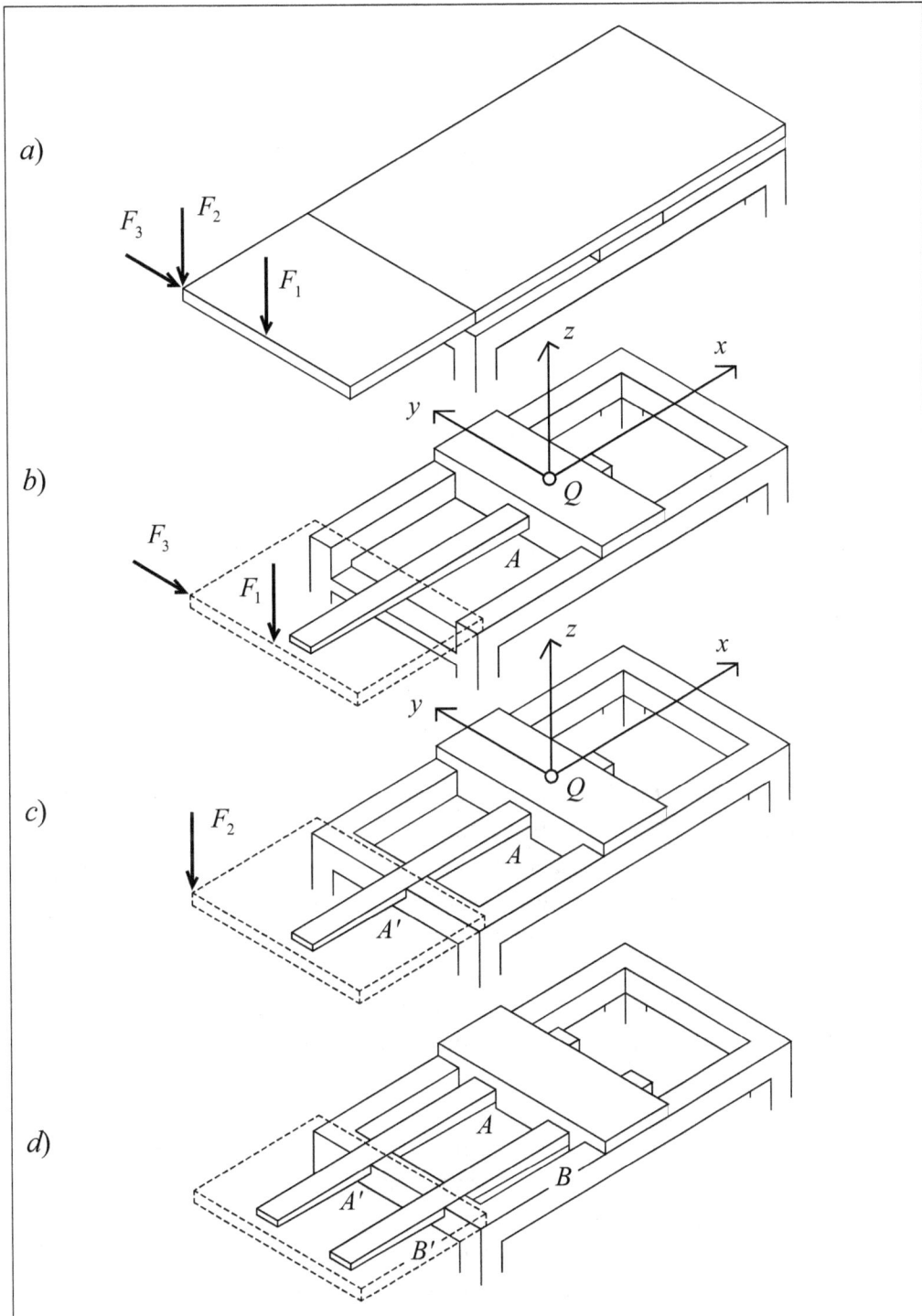

Figura 4.9   Guiatge d'una ala de taula desplegable: *a*) Estats de sol·licitacions; *b*) Guia única; *c*) Dues guies alineades; *d*) Quatre guies

4.3 Funció de transmissió

La *funció de transmissió*, i els elements, mecanismes i dispositius que la realitzen, tenen per objectius fonamentals els dos següents:

a) La imposició d'una relació de moviments entre dos o més punts, o membres, d'una màquina, per mitjà d'un mecanisme o per l'acció de forces interiors o exteriors exercides per algun dispositiu.

b) L'absorció de les forces en les direccions dels moviments de transmissió (permesos pels guiatges), la qual cosa implica una resistència i una rigidesa en les direccions de transmissió adequades.

Es designa per *entrada/sortida* d'un sistema de transmissió qualsevol punt o membre amb moviment que té aplicat una força o un moment exterior en la direcció del moviment.

Mecanismes i dispositius que realitzen funcions de transmissió

Atenent el balanç global de potències, es pot establir la classificació següent dels mecanismes i dispositius que realitzen funcions de transmissió:

Motors. Dispositius en què la suma de potències mecàniques del conjunt d'entrades/sortides és inferior a 0 (cedeixen potència). Els motors es poden classificar atenent a diversos criteris: *a)* Segons l'energia transformada, en *motors elèctrics, pneumàtics, tèrmics,* etc.; *b)* Segons el tipus de moviment generat, en *motors rotatius* i *motors lineals*; *c)* I, segons el tipus de variable imposada, en motors que controlen la posició, la velocitat o la força (o parell).

Transmissions. Mecanismes o dispositius en què la suma de potències mecàniques del conjunt d'entrades/sortides és idealment 0 (en tota transmissió es donen fenòmens de dissipació que fan que el rendiment sigui inferior a 1). La majoria de transmissions estan constituïdes per mecanismes i prenen el nom de *transmissions mecàniques*; altres transmissions actuen com un sistema absorçor-motor amb transformació intermèdia a un altre tipus d'energia, i prenen diversos noms: *transmissions hidràuliques, transmissions elèctriques,* etc.

Absorçors. Mecanismes o dispositius en què la suma de potències mecàniques del conjunt d'entrades/sortides és superior a 0 (absorbeixen potència). Hi ha diversos tipus d'absorçor atenent a diferents criteris: *a*) Si l'objectiu és l'eliminació d'energia, reben el nom de *dissipadors* (amortidors, frens, etc.); *b*) Si transformen el treball mecànic en un altre tipus d'energia, reben els noms de: *generadors* (energia elèctrica), *bombes* (energia hidràulica), *compressors* (energia pneumàtica). La major part de màquines actuen com a absorçors de potència (conformació de materials, elevació de càrregues, desplaçament de materials i d'objectes, agitació de fluids, etc.).

El treball contra una molla o contra la gravetat constitueix una funció de transmissió que dóna lloc a una energia potencial. Aquests sistemes, idealment reversibles, poden actuar com a motors o com a absorçors (transformació treball en energia potencial elàstica o de gravetat, i viceversa).

En la major part de sistemes mecànics es pot establir un flux de potència que s'origina en un o més motors, es transmet per mitjà de les transmissions i mecanismes de les màquines i és absorbida en part per la utilització de la màquina, en part en dispositius absorçors funcionals i en part per les ineficiències de les transmissions.

Transmissions

Existeixen transmissions mecàniques (reductors, multiplicadors, inversors, embragatges, frens) que s'apliquen (anàlogament a molts motors i absorçors) com un dispositiu extern a una màquina, però també la majoria dels mecanismes de les màquines realitzen funcions de transmissió. L'estudi d'aquest darrer aspecte té una importància decisiva en el disseny de l'estructura constructiva d'una màquina, ja que les funcions de transmissió i de guiatge es troben estretament relacionades.

En les planes que segueixen s'estudien diversos aspectes relacionats amb les funcions de transmissió realitzades pels mecanismes de les màquines, especialment les que tenen grau de mobilitat 1.

Cal esmentar que, en casos límits, la funció de transmissió dóna lloc a només transmissió de moviments (quan les forces són pràcticament nul·les, en mecanismes cinemàtics) o només transmissió de forces (quan els moviments són nuls o pràcticament nuls, en mecanismes estàtics).

Relació de transmissió i avantatge mecànic

En mecanismes de transmissió de grau de mobilitat 1 és interessant estudiar els paràmetres mecànics que relacionen la potència entre l'entrada i la sortida. Això és:

Relació de transmissió. És el quocient entre les velocitats (lineals o angulars) d'entrada i de sortida: $i=v_E/v_S$ o $i=\omega_E/\omega_S$ (també una velocitat lineal d'entrada i una velocitat angular de sortida o viceversa: $i=v_E/\omega_S$ o $i=\omega_E/v_S$).

Avantatge mecànic. És el quocient entre la força, o moment, de sortida i la força, o moment, d'entrada: $AM=F_S/F_E$ o $AM=M_S/M_E$ (també amb una força d'entrada i un moment de sortida o viceversa).

Si es considera una transmissió ideal (o sigui amb un rendiment igual a 1), la potència de sortida és igual a la potència d'entrada (principi de les potències virtuals). En general, la relació de transmissió es pot obtenir a partir de raonaments cinemàtics, paràmetre que és utilitzat per a l'obtenció de l'avantatge mecànic:

$$AM = \frac{F_s}{F_e} = \frac{r_e}{r_s} \cdot \frac{\omega_e}{\omega_s} = \frac{r_e}{r_s} \cdot i \qquad\qquad AM = \frac{M_s}{M_e} = \frac{\omega_e}{\omega_s} = i \qquad\qquad (2)$$

En el cas de forces, l'avantatge mecànic és el producte del quocient entre els radis d'acció de les forces d'entrada i de sortida (r_e i r_s, distàncies de les línies d'acció de les forces al centre de rotació, instantani o permanent, dels membres sobre els quals actuen) per la relació de transmissió; i, en el cas de moments, és directament la relació de transmissió. En el cas d'entrada per força i sortida per moment, o viceversa, apareix un radi d'acció en el numerador o en el denominador.

La relació de transmissió i l'avantatge mecànic són paràmetres que indiquen la transformació global dels paràmetres de velocitat i força, però no proporcionen indicacions sobre la qualitat de la transmissió a través del mecanisme.

Les Figures 4.10 i 4.11 proporcionen una avaluació de l'avantatge mecànic per a dos mecanismes, en els quals les relacions de transmissió es calculen a partir de les distàncies entre tres centres de rotació relatius alineats.

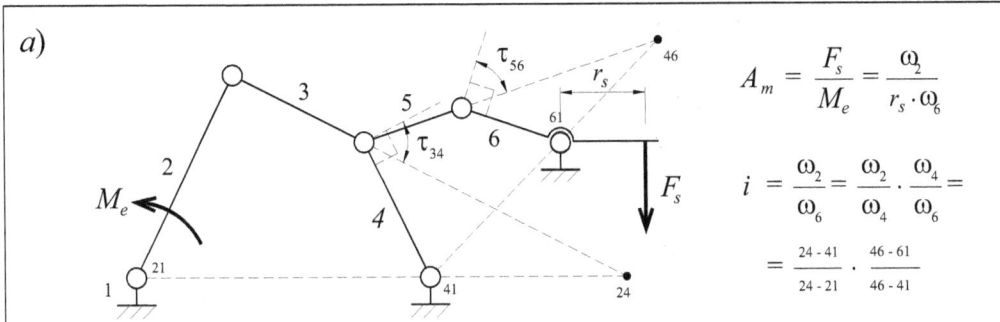

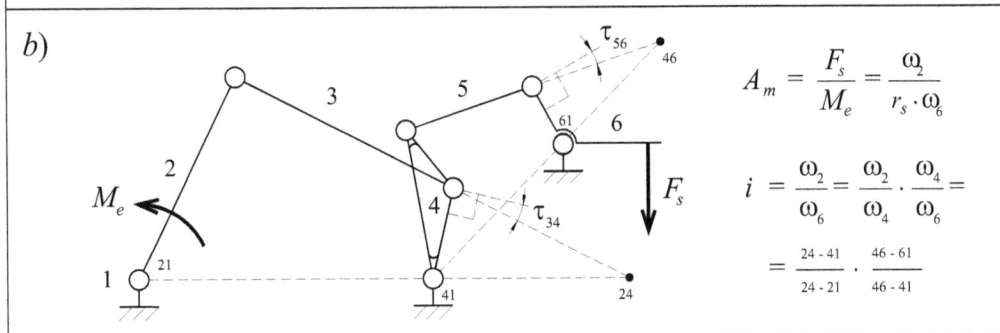

Figura 4.10   Transmissió per mecanisme articulat: *a*) Angles de transmissió desfavorables; *b*) Angles de transmissió favorables

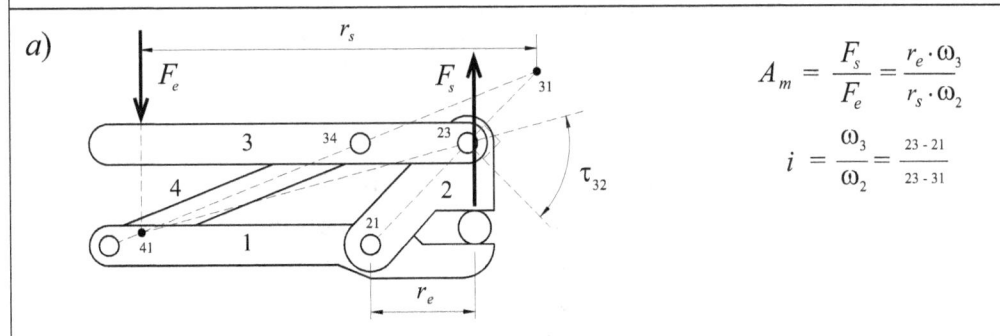

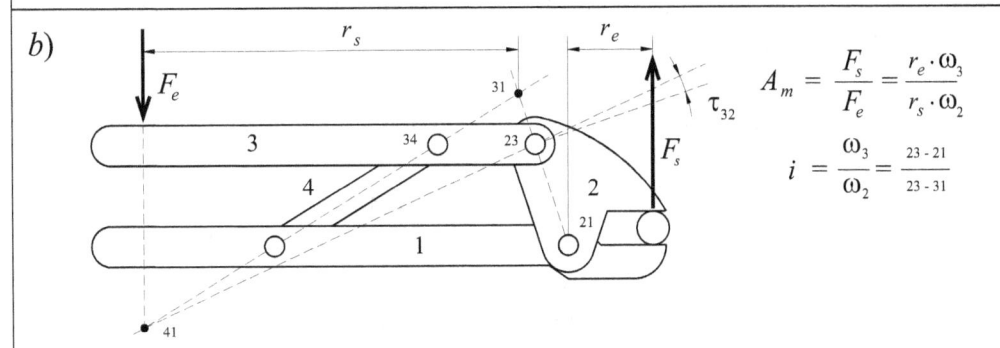

Figura 4.10   Tenalles multiplicadores: *a*) Versió curta (angle de transmissió desfavorable); *b*) Versió llarga (angle de transmissió favorable)

Cadena de transmissió i angle de transmissió

Per avaluar la qualitat de la funció de transmissió per mitjà d'un mecanisme de grau de mobilitat 1, es defineixen els següents conceptes:

Cadena de transmissió. És el conjunt d'elements (enllaços i membres) que intervenen en una funció de transmissió en el si d'una màquina. La seva geometria varia amb el moviment, i per tant, cal avaluar-ne la qualitat de la transmissió en tota la gamma de posicions utilitzades. És recomanable que la cadena de transmissió sigui al més curta possible entre el membre d'entrada i el membre de sortida.

Angle de transmissió (τ_{12}, del membre 1 sobre el 2; Fig. 4.10 a 4.15). És el menor dels angles que formen la direcció de la força transmesa a través d'un enllaç per un membre flotant sobre un membre guiat i la direcció de la velocitat absoluta del membre guiat en el punt de transmissió de l'enllaç.

Nota: H.Alt va proposar el 1932 una definició geomètrica d'un angle de transmissió que, en determinats casos, coincideix amb el complementari de l'angle definit aquí; A.Block va proposar el 1958, sota el nom d'angle de desviació, una definició coincident amb la d'aquest text. L'autor ha preferit destinar el terme *angle de transmissió* al concepte definit per Block, ja que, a més de tenir una relació molt directa amb la funció de transmissió, té una aplicació més general.

Si l'angle de transmissió és 0°, la funció de transmissió és plenament satisfactòria, ja que la direcció de la força transmesa pel membre flotant coincideix amb la direcció del moviment guiat del membre receptor. Cal tenir present que l'angle que formen la força i el moviment en un enllaç entre un membre guiat i un membre flotant (situació inversa a la definida) no influeix a la qualitat de la transmissió.

Fins a un angle de transmissió de 45° es considera que la transmissió és correcta; més enllà d'aquest valor, cal tenir present la influència de les forces de fricció en l'enllaç, que poden produir una pèrdua important de rendiment o, fins i tot, la possibilitat de bloqueig de la funció de transmissió, per a angles propers a 90°, així com també l'augment de les sol·licitacions sobre els elements de la transmissió i la disminució de la rigidesa.

Les figures 4.10 a 4.15 il·lustren diferents aspectes de l'aplicació dels angles de transmissió.

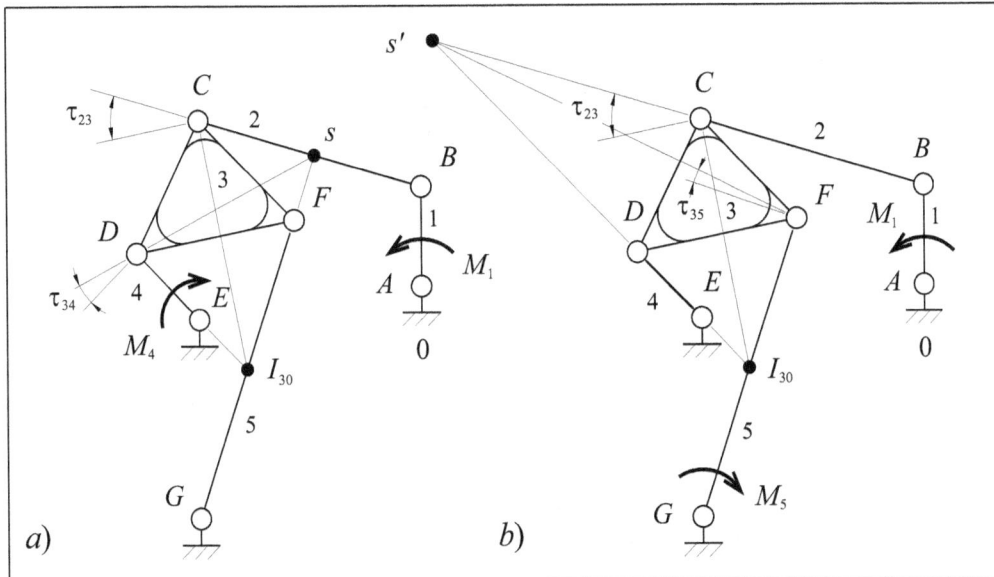

Figura 4.12 Angles de transmissió: *a*) Entrada per 1 i sortida per 4; *b*) Entrada per 1 i sortida per 5.

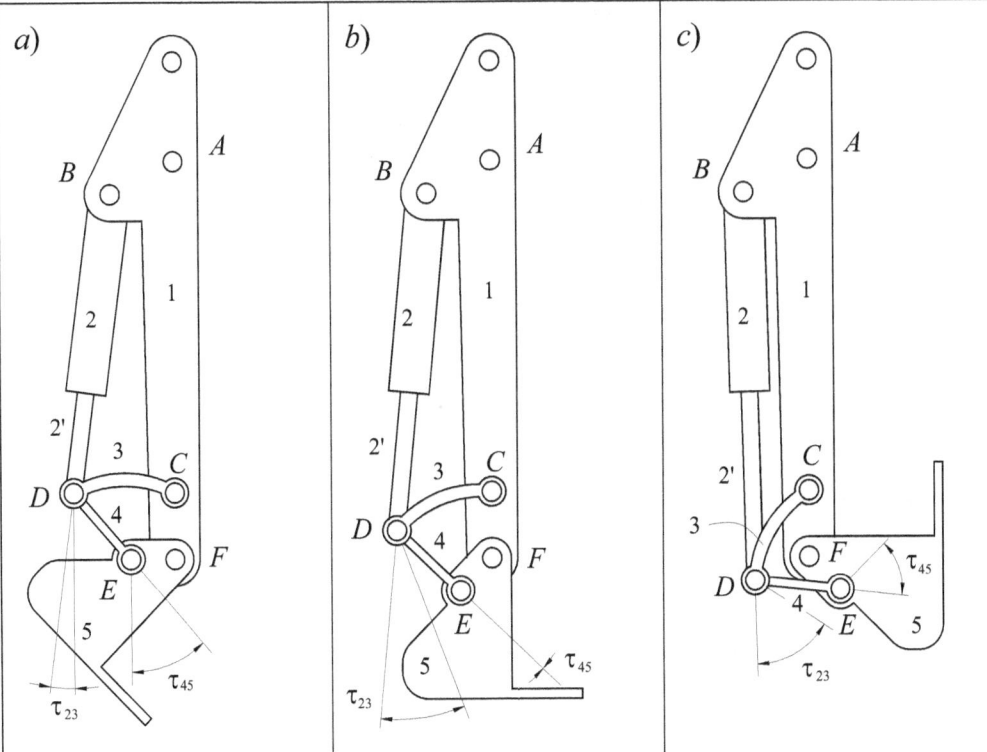

Figura 4.13 Angles de transmissió de l'accionament d'una pala retroexcavadora en tres posicions dels seu moviment.

Figures 4.10 i 4.11. Cada una mostra dues variants d'un mecanisme de transmissió en el qual es manté el mateix avantatge mecànic, però on varien els angles de transmissió. En les dues variants del primer mecanisme (Figures 4.10a i 4.10b) es mantenen els mateixos centres de rotació relatius (igual relació de transmissió) però en la segona variant es modifiquen les dimensions dels membres que milloren els angles de transmissió. En les dues variants de tenalles multiplicadores (Figures 4.11a i 4.11b) canvien la situació dels centres de rotació relatius, però es manté la mateixa relació de distàncies (igual relació de transmissió) i els mateixos valors dels radis d'acció, r_e i r_s. Per tant, la relació de forces és la mateixa, però l'angle de transmissió τ_{32} és molt més favorable en la segona variant que en la primera.

Figura 4.12. Mostra els angles de transmissió per a un mecanisme amb la mateixa entrada i amb dues sortides diferents. En la Figura 4.12a, la funció de transmissió s'estableix entre el membre d'entrada 1 i el membre de sortida 4 (angles de transmissió τ_{12} i τ_{34}) i, en la Figura 4.12b, s'estableix entre el membre d'entrada 1 i el membre de sortida 5 (angles de transmissió τ_{12} i τ_{35}). Cal observar que el primer dels angles de transmissió, τ_{12}, és el mateix en els dos casos.

Figura 4.13. Mostra l'accionament per al gir de la pala d'una màquina retro-excavadora que descriu un angle d'uns 180°. L'accionament del cilindre hidràulic 2-2' aplicat directament sobre el punt E donaria lloc, per a les posicions extremes, a uns angles de transmissió pròxims a (o majors de) 90°, molt desfavorables, si no impossibles. Així, doncs, s'han introduït els dos membres 3 i 4 en la cadena de transmissió, els quals tenen per efecte transformar l'angle de transmissió inicial desfavorable en dos angles de transmissió, τ_{23} i τ_{45}, de valors acceptables, especialment per a la posició de la Figura 4.13c.

Figura 4.14. Mostra dues variants de fre de bicicleta: la primera (Fig. 4.14a) és el fre convencional, i la segona (Fig. 4.14b) és l'adoptat per les bicicletes de muntanya. Es constata que els angles de transmissió del fre de la motocicleta de muntanya són més favorables que els del fre convencional (el guiatge del punt A en la bicicleta de muntanya és un cas de guiatge per força). A més, per al mateix valor de les forces de frenada (normals al pla del dibuix en els punts D i D'), les reaccions de guiatge en l'articulació doble, A, del fre convencional són molt més grans que les de les articulacions E i E' en el fre de les motocicletes de muntanya (braços de reacció d en ambdós casos).

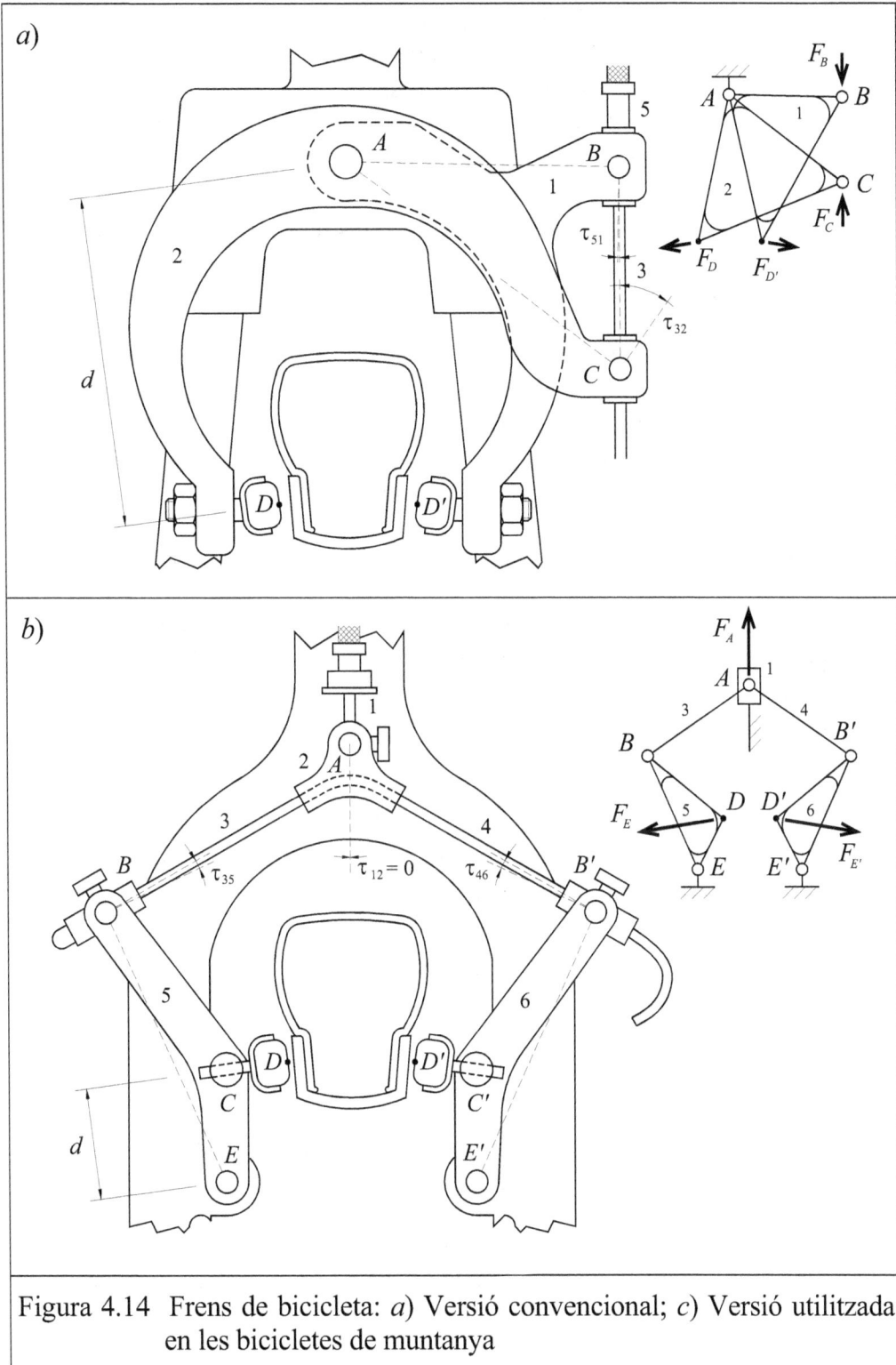

Figura 4.14 Frens de bicicleta: *a*) Versió convencional; *c*) Versió utilitzada en les bicicletes de muntanya

Figura 4.15. Mostra l'anàlisi de l'angle de pressió per a diversos dels mecanismes de transmissió més freqüents, on s'han introduït dos aspectes nous en relació als exemples anteriors: *a*) En primer lloc, l'efecte de les forces de fricció: l'angle de transmissió real, τ_{12}', és l'angle de transmissió definit per la cinemàtica, τ_{12}, incrementat o disminuït (segons el sentit de les forces de fricció) amb l'angle de fricció ρ=atanμ; *b*) I, en segon lloc, es presenta l'estudi de la transmissió inversa, intercanviant les entrades i sortides (els angles de transmissió directe i invers no són, en general, iguals).

La Figura 4.15a mostra un mecanisme de lleva amb seguidor pla perpendicular a la seva guia prismàtica. L'angle de transmissió real directe coincideix sempre amb l'angle de fricció i, per tant, és favorable. L'angle de transmissió real invers és molt desfavorable i, en determinades posicions, el mecanisme esdevé irreversible.

Les Figures 4.15b i 4.15b mostren dues variants d'un mecanisme de lleva amb seguidor circular guiat per una articulació de revolució. En la primera, el seguidor és un membre únic, mentre que en la segona, la superfície circular ha estat materialitzada per un corró articulat (a efectes pràctics, desapareixen els angles de fricció). L'anàlisi dels angles de transmissió en les dues variants presenta moltes analogies amb el cas anterior (Fig. 4.15a).

La Figura 4.15d mostra un mecanisme de lleva de translació amb un seguidor que es desplaça perpendicular. Els angles de transmissió són desfavorables tant en la transmissió directa com en la inversa, agreujats per l'angle de fricció.

La Figura 4.15e mostra una transmissió per engranatge cilíndric recte en què l'angle de transmissió geomètric coincideix amb l'angle de pressió del dentat (tant en la transmissió directa com en la inversa). L'angle de fricció canvia de sentit en el punt d'engranament *I*.

La Figura 4.15f mostra una transmissió per corretja, amb els angles de transmissió directe i invers permanentment nuls (molt favorables).

Finalment, la Figura 4.15g mostra una transmissió amb dos paral·lelograms articulats desplaçats angularment de 90°. Quan un presenta un angle de transmissió desfavorable, l'altre el té favorable.

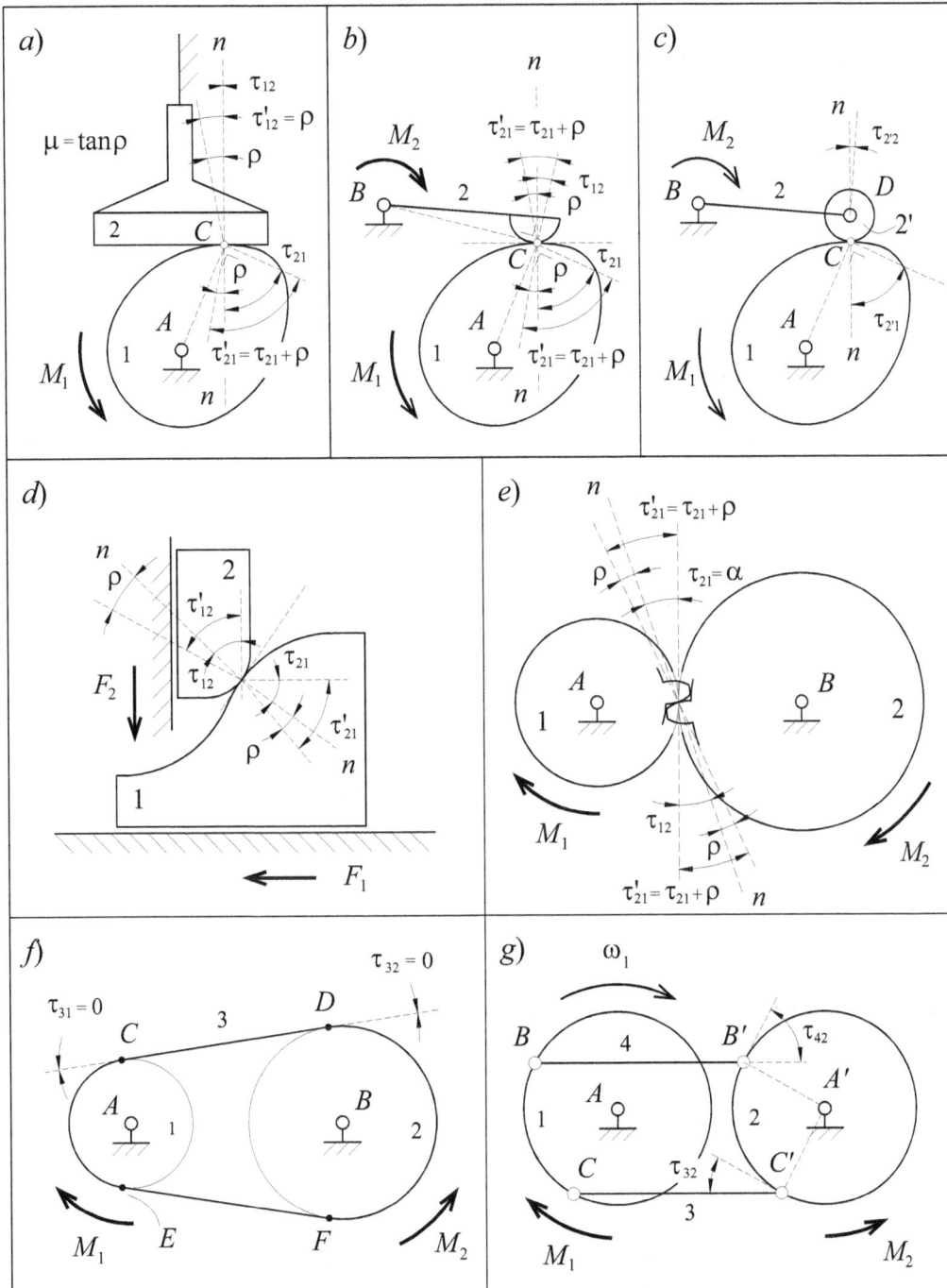

Figura 4.15 Angle de transmissió en diferents mecanismes: *a*) Lleva segui-
dor pla; *b*) Lleva seguidor cilíndric; *c*) Lleva seguidor de corró;
d) Lleva seguidor amb guies lineals; *e*) Engranatge cilíndric; *f*)
Transmissió per corretja; *g*) Transmissió de doble paral·lelogram.

4.4 Estudi de casos

En aquesta darrera secció del capítol 4 s'estudien quatre casos d'estructura constructiva (conjunt del sistema de guiatge i del sistema de transmissió) considerats des de dos punts de vista diferents:

a) *Anàlisi de l'estructura constructiva* (pesacartes; suspensió de les rodes posteriors d'un automòbil). Es parteix de solucions conegudes i se n'analitzen les funcions estructurals i l'estructura constructiva.

b) *Disseny de l'estructura constructiva* (pinça de robot; plataforma de translació horitzontal). Es parteix d'una solució conceptual (mecanisme real o fictici adequat a la funció) i s'estudien alternatives per al disseny de l'estructura constructiva.

Pesacartes (Fig. 4.16)

El principi de funcionament del pesacartes es basa en l'equilibri del pes de la carta P amb els dos contrapesos, CP_2 i CP_6, a través d'una cadena de transmissió (Fig. 4.16d) de geometria variable: Per a cada pes, la posició d'equilibri és diferent, fet que permet la mesura de pes per mitjà del moviment relatiu de la busca b (o la busca b', doble precisió per a pesos petits), fixes al membre 6, respecte a unes escales graduades sobre el membre 2.

Per tal que aquesta cadena de transmissió funcioni correctament, cal guiar el punt S del platet 4 del pesacartes en la direcció de l'eix z, efecte que es podria aconseguir per mitjà d'un enllaç prismàtic amb la base. Tanmateix, les forces de fricció sobre la guia causades pel descentrament del pes sobre el platet 4 donarien lloc a un sensible falsejament de la mesura.

En general, la fricció en els enllaços de revolució té un efecte més petit que els de translació (i més si s'adopta la solució del pesacartes basada en unes pestanyes de xapa que funcionen com a petites ganivetes que pivoten, per a girs petits, sobre un punt I del perfil del forat; Fig. 4.16c). És recomanable, doncs, de guiar el platet 4 per mitjà de mecanismes articulats (Fig. 4.16e). La mateixa cadena de transmissió (membres 1-2-3-4, i 1-6-5-4) pot fer d'estructura de guiatge en el pla y-z (impedeix el desplaçament segons l'eix x i els girs respecte als eixos y i z), sempre que les articulacions A, B i C (i de forma

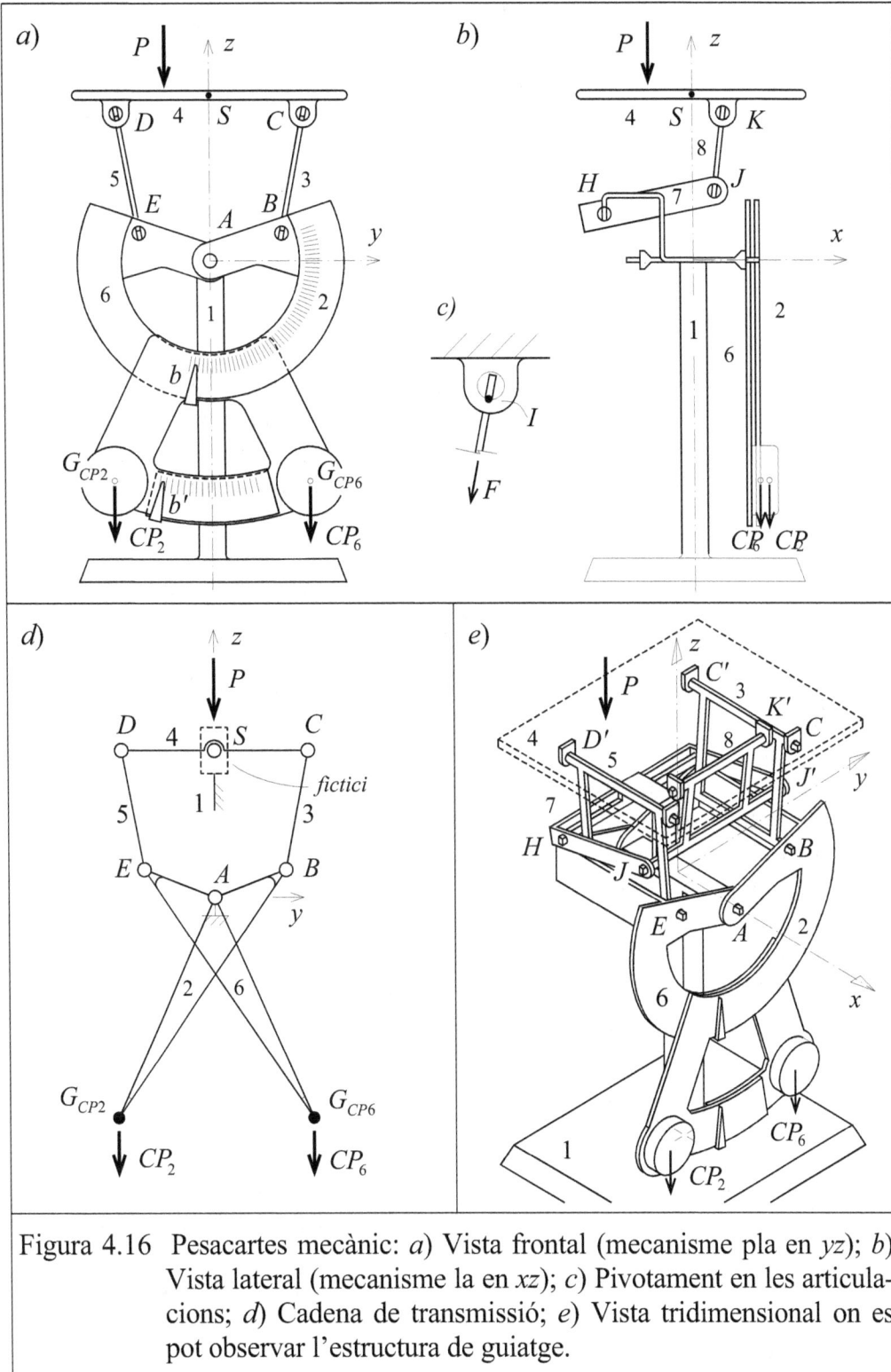

Figura 4.16   Pesacartes mecànic: *a*) Vista frontal (mecanisme pla en *yz*); *b*)
Vista lateral (mecanisme la en *xz*); *c*) Pivotament en les articula-
cions; *d*) Cadena de transmissió; *e*) Vista tridimensional on es
pot observar l'estructura de guiatge.

redundant A, D i E) siguin de revolució, però no impedeix ni el desplaçament segons l'eix y ni el gir al voltant de l'eix x. A fi d'impedir aquests dos darrers moviments, es disposa un nou mecanisme en un pla perpendicular (membres 1-7-8-4, amb articulacions de revolució H, J i K; Fig. 4.16b) que completa l'estructura de guiatge i impedeix el desplaçament segons l'eix y i els girs al voltant dels eixos x i z (aquest darrer de forma redundant amb l'anterior mecanisme).

Suspensió de les rodes posteriors d'un automòbil (Fig. 4.17)

El guiatge de les rodes posteriors no motrius d'un automòbil ha de permetre els moviments de suspensió (de direcció aproximadament normal al terra), i els girs de les rodes sobre els seus eixos. Completen la suspensió els dispositius que exerceixen forces de transmissió: les molles i amortidors, segons el moviment de suspensió, i els frens, segons el gir de la roda.

Entre les múltiples estructures constructives adoptades per l'automòbil al llarg de la història, a continuació s'analitzen les tres següents:

Suspensió d'eix rígid guiat per ballestes (Fig. 4.17a). Les dues rodes giren lliurement sobre un eix rígid unit al xassís a través de dues ballestes. En aquesta solució robusta i senzilla les ballestes fan alhora una funció de transmissió (contraresten les reaccions verticals del terra sobre les rodes) i una important funció de guiatge ja que impedeixen els desplaçaments de l'eix rígid en les direccions x i y i els girs segons els eixos y (suport del parell de frenada) i z (evita l'entregirament de l'eix respecte al vehicle). Els dos moviments permesos són el desplaçament de l'eix en la direcció z i el gir segons l'eix x (els plans de les rodes s'inclinen respecte al vehicle quan hi ha un desplaçament vertical desigual de les dues rodes).

Suspensió d'eix de torsió (Fig. 4.17b). El suport, comú a les dues rodes com l'eix rígid, té forma de H amb uns extrems articulats als xassís, i els altres articulats a les rodes i als grups molla-amortidor. El travesser del suport, pròxim o coincident amb l'articulació del xassís, té una baixa rigidesa a la torsió i permet el moviment independent de cada roda tot mantenint pràcticament el seu pla respecte al vehicle alhora que fa de barra estabilitzadora. És un sistema de suspensió robust i senzill, que ha tingut una implantació relativament recent en molts dels automòbils actuals de prestacions mitjanes.

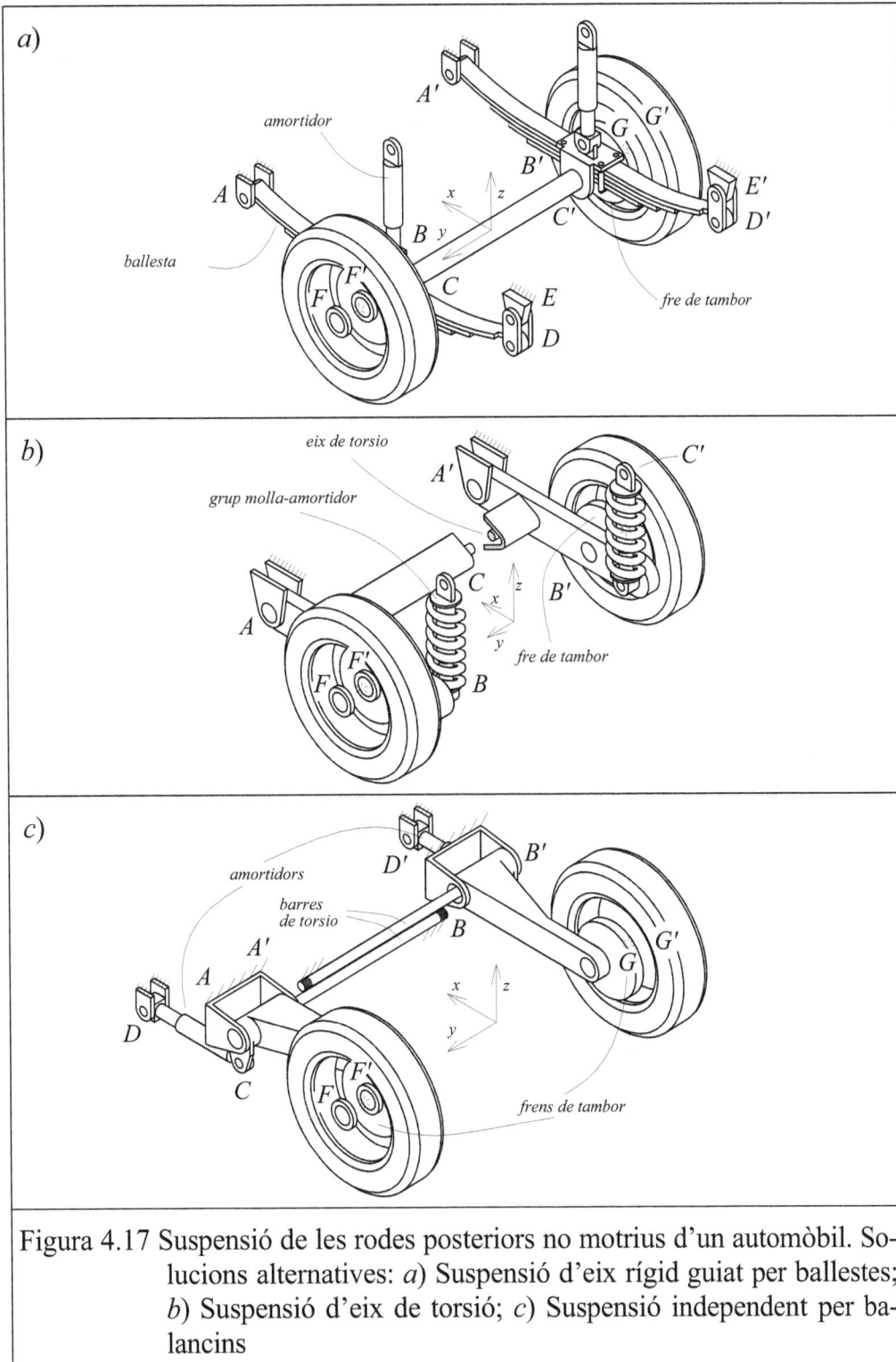

Figura 4.17 Suspensió de les rodes posteriors no motrius d'un automòbil. Solucions alternatives: *a*) Suspensió d'eix rígid guiat per ballestes; *b*) Suspensió d'eix de torsió; *c*) Suspensió independent per balancins

Suspensió independent per balancins (Fig. 4.17c). Les rodes estan suportades per dos balancins articulats al xassís (enllaços de revolució A-A' i B-B') sobre els quals actuen les molles (en la figura, barres de torsió) i els amortidors (representats en posició horitzontal). El moviment de suspensió de cada una de les rodes és totalment independent i manté el pla de moviment de la roda respecte al vehicle.

En tots tres casos analitzats, l'articulació de la roda sobre el seu suport (eix rígid, eix de torsió o balancí) ha de suportar els esforços derivats de les reaccions de contacte amb el terra: forces en les direccions y (reacció de les forces centrífugues) i z (reacció del pes) i moments en les direccions x (causats també per les reaccions de les forces centrífugues) i z (petits moments de pivotament del pneumàtic sobre el terra). A més, en les frenades, també ha de suportar reaccions en la direcció x.

Pinça de robot (Fig. 4.18)

La Figura 4.18a mostra un mecanisme de pinça per a robot industrial que obté una multiplicació de la força del cilindre d'accionament 1-1' sobre les mordasses per mitjà d'una doble genollera formada pels membres 2 i 3.

En la presentació de la Figura 4.18a, aquest mecanisme té un grau de mobilitat 2. Si sobre l'objecte agafat no hi ha forces transversals (pes, forces d'inèrcia) l'acció del cilindre autocentra la pinça (Fig. 4.18a), ja que les mordasses presenten la mínima obertura entre elles; però si l'objecte té aplicades forces transversals, es produeix una desviació lateral de les mordasses (Fig. 4.18b) que pot donar lloc a inestabilitats. Per evitar aquest inconvenient, cal guiar el punt B segons l'eix de simetria de la pinça i, a tal fi, es presenten i s'analitzen les dues alternatives següents:

a)   *Guiatge pel cilindre d'accionament* (Fig. 4.18c). Just abans d'iniciar-se la subjecció de l'objecte, la força transversal es transmet íntegrament a través d'una de les mordasses i es transforma en la força F_{2B} (la barra 3 no transmet força) sobre l'extrem B de la tija del cilindre, la qual es reparteix en dos components: la força axial F_{B1a}, que és compensada per la força d'accionament del cilindre, i la força transversal F_{B1t}, que carrega lateralment les guies del cilindre, tasca per a la qual no han estat dissenyades. Quan hi ha subjecció, qualsevol força lateral sobre l'objecte dóna la mateixa reacció transversal (ara per diferència) sobre la tija del cilindre.

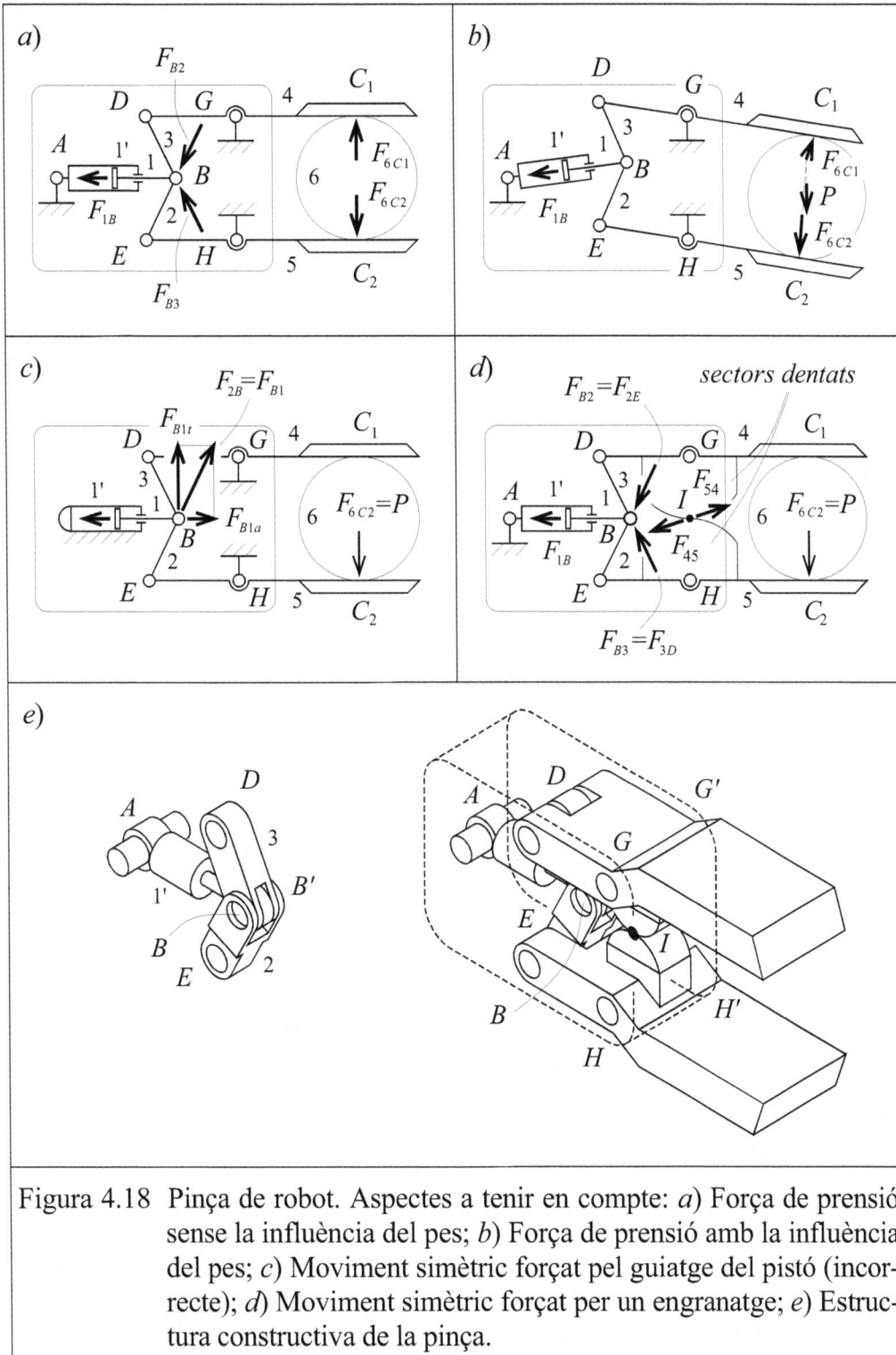

Figura 4.18 Pinça de robot. Aspectes a tenir en compte: *a*) Força de prensió sense la influència del pes; *b*) Força de prensió amb la influència del pes; *c*) Moviment simètric forçat pel guiatge del pistó (incorrecte); *d*) Moviment simètric forçat per un engranatge; *e*) Estructura constructiva de la pinça.

b)   *Guiatge per sectors dentats* (Fig. 4.18d). Anàlogament al cas anterior, just abans de la subjecció, la força transversal sobre l'objecte es transmet sobre una de les mordasses, però, ara, gràcies a les accions que s'exerceixen entre elles els sectors dentats, els components transversals de les forces de les barres 2 i 3 (F_{2B} i F_{3B}) sobre l'extrem de la tija del cilindre *B* s'equilibren. Aquesta solució del guiatge simètric de la pinça és, doncs, satisfactòria.

La Figura 4.18e mostra una solució constructiva de la pinça amb les mordasses guiades per les articulacions de revolució *G-G'* i *H-H'*. Referent a la cadena de transmissió, els membres 1, 1', 2 i 3 han de treballar en un pla a fi d'evitar el plegament lateral del mecanisme i la fallada de la funció de transmissió. Per tant, com a mínim, cal que l'articulació doble *B-B'* sigui de revolució (Figura 4.18e).

Plataforma de translació horitzontal (Fig. 4.19)

La Figura 4.19a mostra l'esquema del mecanisme de guiatge d'una plataforma horitzontal 4. El punt *E* descriu una trajectòria quasi rectilínia (punt de Ball, Secció 3.3 del primer fascicle), i el doble paral·lelogram articulat (membres 0-3-6-5 i 6-7-4-2) assegura el moviment paral·lel de la plataforma 4 respecte a la base.

Es presenten tres alternatives per a l'estructura de guiatge: la formada pels membres 0-1-2-4 (Fig. 1.19b), la formada pels membres 0-3-2-4 (Fig. 1.19c), i la formada pels membres 0-5-7-4 (Fig. 1.19d), on les articulacions *A-B-E*, *D-C-E* i *F-G-H*, respectivament, són de revolució. La resta d'articulacions poden ser esfèriques, excepte la que impedeix el plegament lateral dels membres 5-6-7 en la primera i segona alternatives (articulació *C*) i dels membres 2-3-6 en la tercera alternativa (Articulació *G*).

Així com la funció de guiatge és determinant en aquest mecanisme, la funció de transmissió no és crítica, ja que no treballa contra la gravetat. La cadena de transmissió està formada pels membres 8-8'-2-4.

La Figura 4.20a mostra que l'angle de guiatge del membre 4 és poc favorable i que, si el mecanisme es mou enrera (vers la mà esquerra del dibuix), l'angle de guiatge del nus *G* ràpidament esdevé crític. La figura 4.20b proporciona una variant del mecanisme amb aquests dos angles millorats.

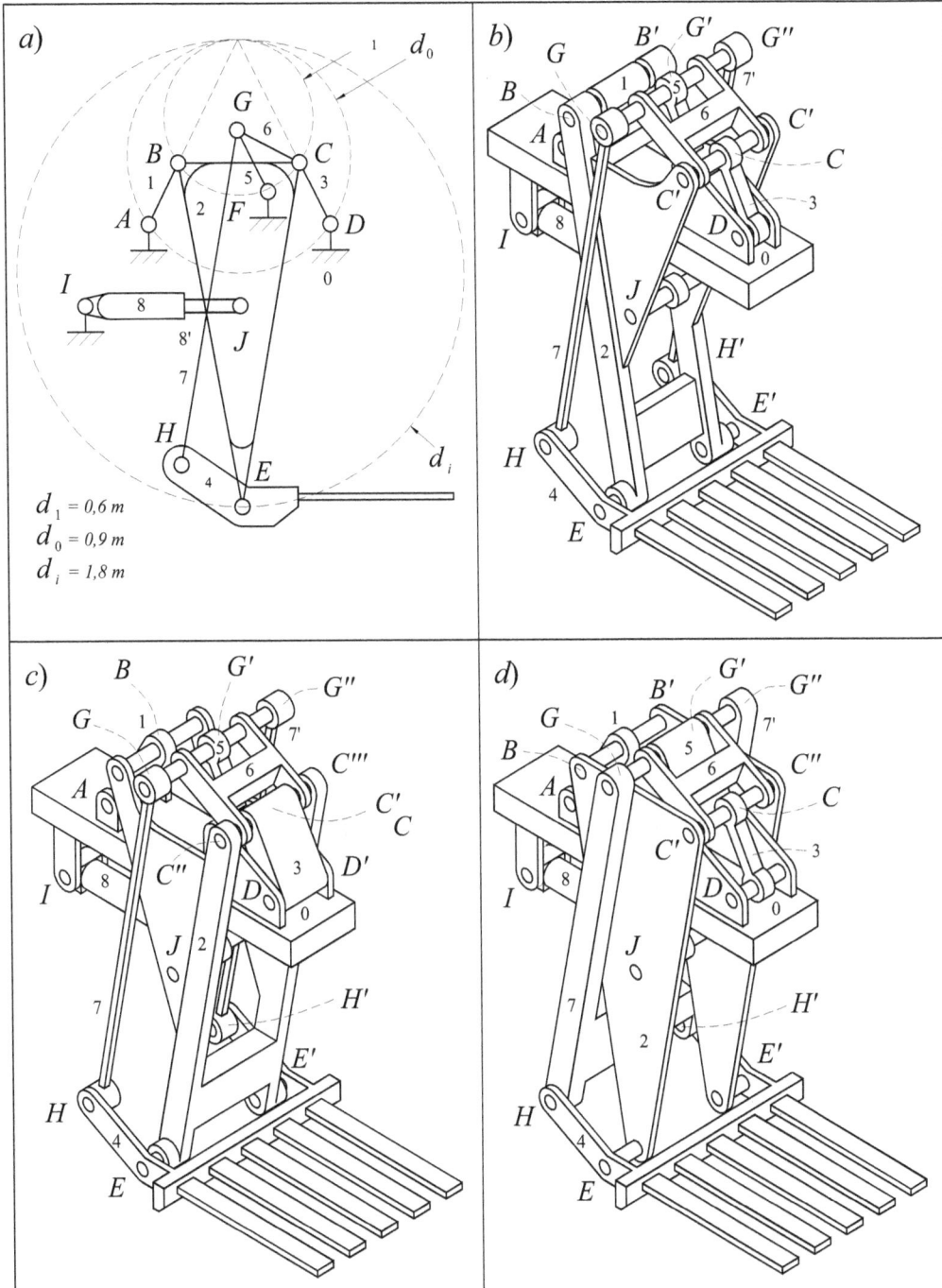

Figura 4.19 Plataforma de translació horitzontal. Diferents estructures de guiatge: *a*) Esquema del mecanisme; *b*) Guiatge pels membres 1–2–4; *c*) Guiatge pels membres 3–2–4; *b*) Guiatge pels membres 5–7–4;

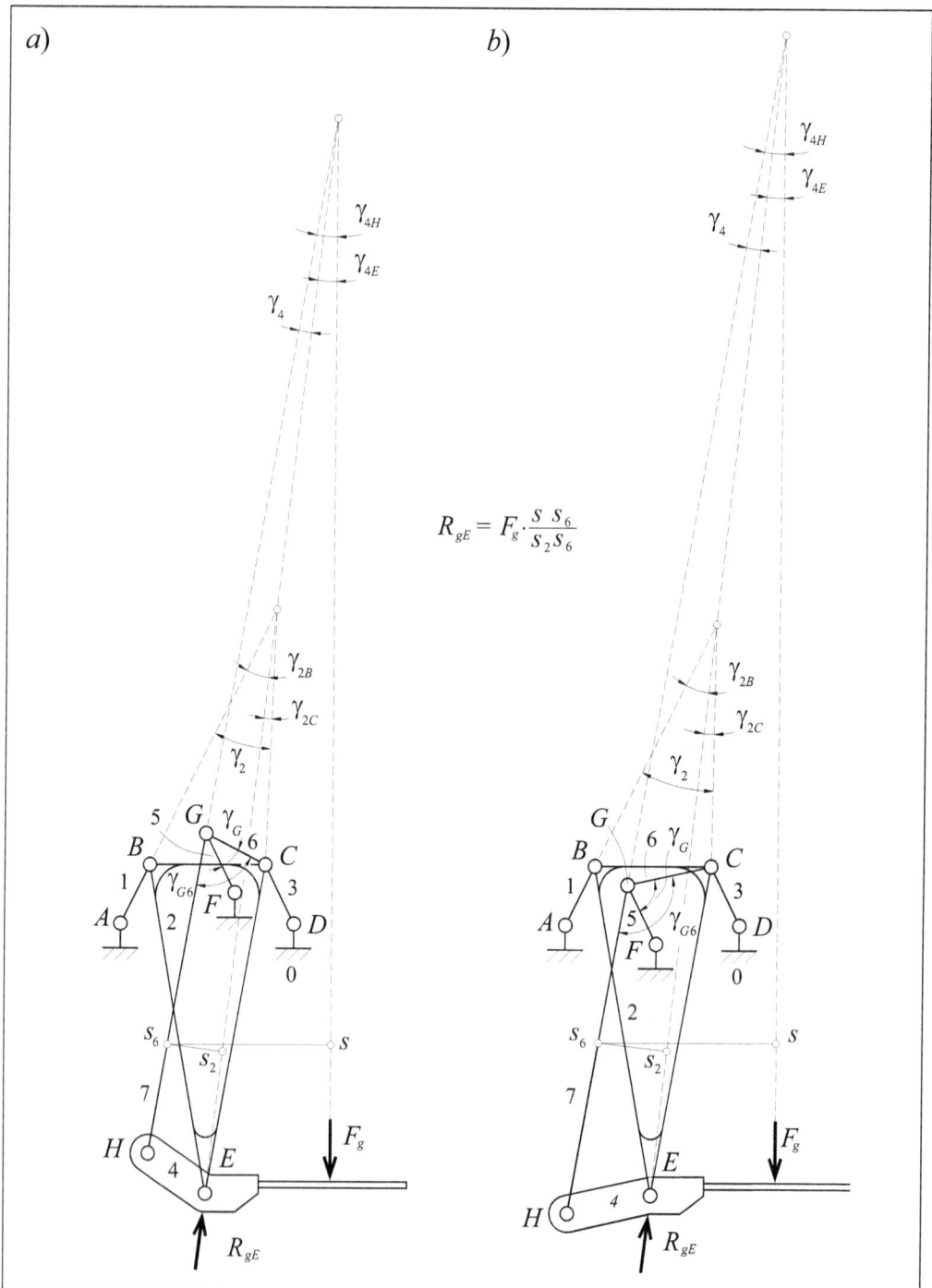

$$R_{gE} = F_g \cdot \frac{s\ s_6}{s_2 s_6}$$

Figura 4.20 Estudi dels angles de guiatge per al mecanisme de la figura 4.19: *a*) Per a la geometria elegida inicialment; *b*) Amb una geometria millorada (es varien els angles de guiatge, γ_4 i γ_G).

5 Enllaços de guiatge

5.1 Tipus d'enllaços de guiatge

Els enllaços en els dispositius, aparells i màquines tenen com a missió primà-
ria limitar el moviment relatiu entre els seus membres, efecte que pot derivar
en una de les dues funcions estructurals: la *funció de guiatge* i la *funció de
transmissió* (en altres casos també poden col·laborar en la funció de fixació
entre peces). La funció de guiatge posa l'accent en la imposició d'una trajectò-
ria a un punt o un membre, mentre que la funció de transmissió posa l'accent
en la imposició d'un moviment en la direcció de la trajectòria.

En aquest capítol s'analitzen els enllaços que tenen una relació més directa
amb el sistema de guiatge d'una màquina. Sense que es pugui afirmar de ma-
nera absoluta, la funció de guiatge s'acostuma a confiar en enllaços que cor-
responen a *parells inferiors* (definits per contactes superficials), mentre que
la funció de transmissió s'acostuma a confiar a enllaços que corresponen a
parells superiors (definits per contactes lineals o puntuals). Això respon al fet
que els parells inferiors són els que proporcionen un grau de restricció més
gran al moviment mutu dels membres de les màquines, mentre que els parells
superiors són de grau de restricció més petit.

Els principals tipus d'enllaç amb funcions de guiatge en les màquines són:

Enllaç de revolució, R, definit per un contacte superficial entre dues superfí-
cies de revolució.

Enllaç prismàtic, P, definit per un contacte superficial entre dues superfícies
prismàtiques.

Tal com s'ha vist en el capítol anterior, els enllaços que intervenen en el sistema de guiatge d'un moviment pla d'una màquina ho poden fer en el si de la *cadena de guiatge* (conjunt d'elements que intervenen en la determinació del moviment pla) o també en el si de l'*estructura de guiatge* (conjunt d'elements que suporten les forces i moments de guiatge que intenten desviar la trajectòria del pla).

Hi ha enllaços que formen part de la cadena de guiatge però que no intervenen en l'estructura de guiatge (per exemple, els enllaços B i B_0 en la Figura 4.6d). Aquests poden adoptar diverses materialitzacions (enllaç de revolució, enllaç cilíndric, enllaç esfèric) mentre compleixin la seva funció de guiatge en el pla.

Aquest capítol es dedica fonamentalment als enllaços que intervenen en l'estructura de guiatge, sovint d'una notable complexitat tecnològica, ja que sobre seu s'assenta el correcte funcionament de la resta dels sistemes i de les funcions mecàniques de la màquina. La Secció 5.3 tracta de l'*enllaç de revolució*, que fa funcions de *guiatge de rotació*, així com de dues de les seves principals formes de materialització, els coixinets de fricció i els rodaments, mentre que la Secció 5.4 tracta de l'*enllaç prismàtic*, que fa funcions de *guiatge de translació*, així com de les seves materialitzacions per mitjà de les guies-corredores de fricció i de les guies lineals.

La presentació que es fa en aquestes planes difereix del tractament tradicional que es dóna a aquests elements de màquina, més orientat vers la funció de transmissió que vers la de guiatge; així, doncs, es desenvolupen, o es fa un èmfasi més gran en els aspectes que tenen més incidència amb la funció de guiatge, com són l'estudi de la rigidesa, de la càrrega estàtica i dels sistemes de fixació.

També cal assenyalar que el contingut d'aquest text sobre enllaços de guiatge no va destinat a proporcionar els mitjans de càlcul d'aquests elements, sinó a donar criteris i orientacions per a la selecció del tipus d'element més adequat per a una determinada aplicació i sobre les solucions constructives més adients.

Abans, però, d'entrar en les seccions dedicades a cada un d'aquests dos tipus d'enllaç de guiatge, hi ha una secció dedicada a l'estudi comparatiu dels dos principis de materialització dels enllaços esmentats: el *contacte lliscant* i el *contacte rodolant* (Secció 5.2).

5.2 Contacte lliscant i contacte rodolant

Introducció

La forma més senzilla de materialitzar un enllaç entre dos membres consisteix a conformar dues superfícies iguals, amb geometria adequada (de revolució, prismàtica), una convexa en un dels membres i l'altra còncava en l'altre, amb un joc adequat, i confiar el moviment relatiu al lliscament entre elles.

El lliscament entre superfícies acostuma a comportar, però, unes forces de fricció relativament elevades, fins i tot en el cas de lubricació untuosa. Tan sols la lubricació fluïda per capa gruixuda, creada per efecte hidrostàtic o hidrodinàmic, comporta valors baixos de les forces de fricció.

La materialització de l'enllaç de revolució per mitjà de contactes lliscants ha estat resolta des de temps històrics amb una relativa eficàcia (eixos de rodes de carro, frontisses de porta, arbres de rodes hidràuliques o de molins de vent). Tanmateix, en les màquines que comporten la transmissió de grans potències o l'arrossegament de sistemes mecànics complexos amb moltes parts, les pèrdues de rendiment esdevenen excessives.

La materialització de l'enllaç prismàtic per mitjà del contacte lliscant sempre ha estat, però, més problemàtica a causa de les dificultats per aconseguir una fabricació acurada de les parts, i al difícil control de l'efecte de l'autoretenció. Aquesta és la principal causa de la invenció dels nombrosos mecanismes articulats que proporcionen un guiatge rectilini o quasi rectilini (per exemple, el mecanisme de Watt).

La disminució de les forces de fricció en els enllaços per mitjà de la utilització de corrons (trasllat de grans blocs de pedra) ja era conegut a l'antiguitat. Tanmateix, no va ser fins fa aproximadament un segle que es va aconseguir la maduresa tecnològica suficient per materialitzar l'enllaç de revolució per mitjà del contacte rodolant, fet va donar naixement a la importantíssima indústria del *rodament*. La construcció d'elements per materialitzar l'enllaç prismàtic per mitjà del contacte rodolant s'ha desenvolupat amb posterioritat al rodament, i encara avui dia s'estan experimentant nous sistemes de *guia lineal*.

A continuació s'estableix una anàlisi comparativa entre la resistència al moviment del contacte lliscant i del contacte rodolant.

Contacte lliscant

El model de Coulomb per a les forces tangencials que s'exerceixen dos cossos en contacte que llisquen (o tendeixen a lliscar) és el següent:

Fricció. Si entre dos cossos que s'exerceixen mútuament una força normal de contacte, F_N, hi ha una velocitat de lliscament, apareix una força tangencial, F_T, que tendeix a oposar-se al moviment relatiu, de direcció i sentit oposat a la velocitat de lliscament, anomenada *força de fricció*. Es defineix el *coeficient de fricció*, μ (i també, l'*angle de fricció*, ρ =atanμ) com el quocient entre les forces tangencial i normal: $\mu = F_T/F_N$ (Figura 5.1a). En el model de Coulomb, es considera que aquest paràmetre és una característica que només depèn dels materials en contacte i de l'estat de les seves superfícies (rugositat, pel·lícules contaminants, lubricació, etc.), però no d'altres factors com la velocitat de lliscament o la pressió de contacte. El cert, però, és que el coeficient de fricció, μ, varia també amb aquests factors i, concretament, tendeix a disminuir amb la velocitat (Figura 5.1b).

Adherència. Si dos cossos en contacte es transmeten una força en una direcció que forma un angle amb la normal més petit que un determinat valor límit, anomenat *angle d'adherència*, μ_0 (el qual defineix el *con d'adherència*), aleshores no es produeix lliscament per més que el mòdul de la força augmenti. S'anomena *límit d'adherència*, μ_0, la tangent de l'angle d'adherència ($\mu_0 = \text{tg}\rho_0$), en general lleugerament superior al valor del coeficient de fricció μ (Figura 5.1b), paràmetre que també depèn fonamentalment dels materials en contacte i de l'estat de les seves superfícies.

Els fenòmens de fricció i adherència en el contacte lliscant porten en si mateixos una inestabilitat que posa de manifest el mateix model de Coulomb. En efecte, si un cos que llisca sobre un altre s'atura (per una lleugera disminució de la força tangencial, o un augment localitzat del coeficient de fricció, etc.), no arrenca de nou ja que el límit d'adherència és superior que el coeficient de fricció i, si augmenta la força tangencial, quan arrenca s'accelera. És per aquest fet, i per la variabilitat del valor dels paràmetres, que es procura no treballar mai en la zona fronterera entre la fricció i l'adherència.

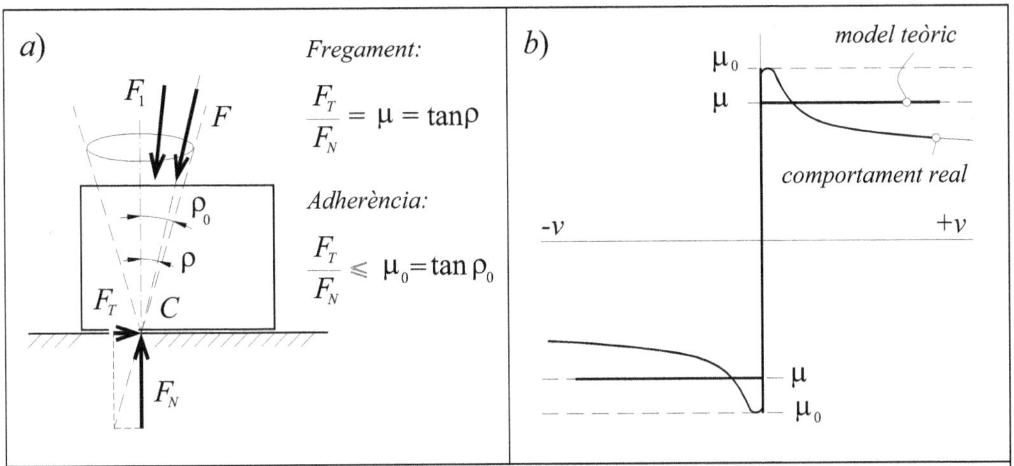

Figura 5.1 Contacte lliscant, fricció i adherència: *a*) Forces en un bloc amb contacte lliscant; *b*) Variació del coeficient de fricció amb la velocitat

Una de les conseqüències d'aquesta inestabilitat és el següent fenomen:

Stick-slip. Quan un sistema lliscant es mou a molt baixa velocitat i, a més, es dóna una disminució important del coeficient de fricció amb la velocitat i una baixa rigidesa dels elements que l'accionen, es produeix un avanç a petits salts acompanyat d'una forta vibració. Aquest fenomen, que rep el nom de *stick-slip* (ja que és anàleg al d'un bastó quan se l'obliga a avançar amb la punta fregant per terra i una inclinació contrària a la marxa), desapareix si es parteix d'un contacte amb valors del coeficient de fricció i del límit d'adherència molt pròxims o coincidents (contacte lliscant acer-PTFE; contacte rodolant).

Taula 1

Materials	Coeficient de fricció, μ		Límit d'adherència, μ_0	
	Sec	Lubricat	Sec	Lubricat
Acer-acer	0,20 - 0,70	0,12 - 0,14	0,25 - 0,80	0,15 – 0,20
Acer-fosa grisa	0,15 - 0,40	0,08 - 0,16	0,20 - 0,45	0,12 – 0,20
Acer-bronze	0,18 - 0,35	0,12	0,25 - 0,40	0,15 – 0,20
Acer-grafit	0,10		0,10	
Acer-PTFE	0,04 - 0,20	0,02 - 0,08	0,05 - 0,22	
Acer-PEHD	0,30 - 0,80			
Acer-PA	0,32 - 0,40	0,10		
Acer-fusta	0,30 - 0,50	0,08 - 0,15	0,35 - 0,60	0,10 – 0,15

Contacte rodolant

Els efectes de resistència al rodolament en el contacte rodolant es modelitzen de la manera següent:

Dos elements rodolants presenten, teòricament, un punt o una línia de contacte i, en realitat, una petita zona de contacte al voltant del punt o de la línia. Es pressuposa que el límit d'adherència és suficientment elevat per evitar el lliscament en el punt de contacte i assegurar així el rodolament d'un cos sobre l'altre amb un eix de rotació instantani que passa pel punt o coincideix amb la línia de contacte.

Resistència al rodolament. La força tangencial en el rodolament, F_{TR} (molt menor que en el lliscament, F_T) és conseqüència de la distorsió causada per la histèresi en la recuperació elàstica del material en la distribució de pressions de contacte i té per efecte desplaçar la seva resultant, F_N, una determinada distància en el sentit del moviment, que rep el nom de *coeficient de rodolament*, δ_R (té magnitud de longitud; Figura 5.2a). Quan un element rodolant es mou entre dues superfícies (corró), es pot definir un *coeficient de fricció de rodolament*, μ_R, que s'expressa com la relació entre la força tangencial necessària per al rodolament i la força normal: $\mu_R = F_{TR}/F_N = \delta_R/r$ (Figura 5.2b).

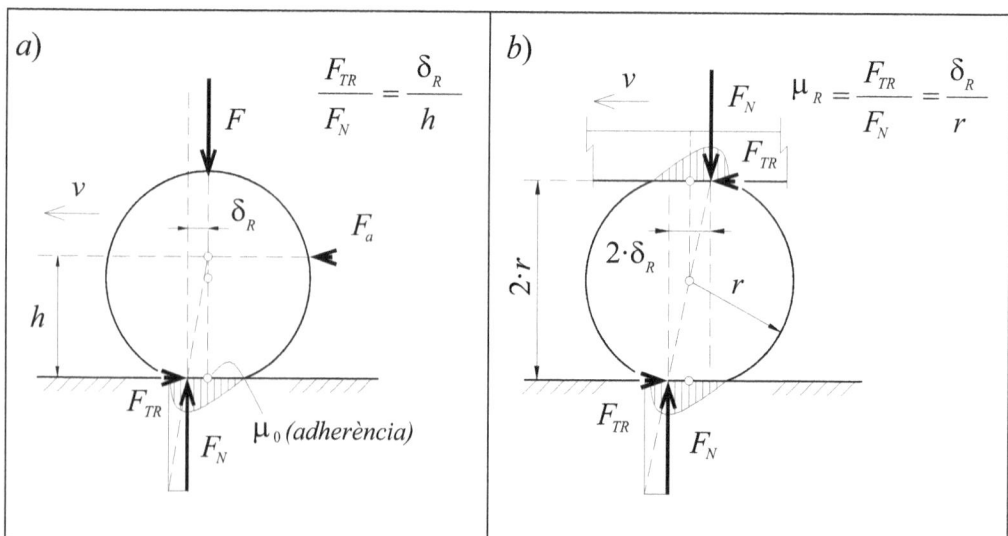

Figura 5.2 Contacte rodolant i resistència al rodolament: *a*) Contacte de tipus roda-carril; *b*) Contacte de tipus corró-pistes de rodolament

Taula 2

Coeficients de rodolament, δ_R (en mm)	
Material element rodolant/material pista	Valor
Bola (o corró)-acer (anell rodament)	0,008
Roda acer-acer (o fosa)	0,500
Roda vehicle-carretera asfalt llis	2,500
Roda vehicle-camí de terra bo	11,500
Roda vehicle-sorra	50,000

Comparació dels dos tipus de contacte

Avantatges del contacte rodolant. El contacte rodolant proporciona, enfront del contacte lliscant, importants millores en el disseny i en les condicions de funcionament de les màquines:

a) Disminueix en gran mesura les forces de fricció (i les limitacions tèrmiques per la calor dissipada), alhora que millora el rendiment de les màquines. El coeficient de rodolament és menys variable que el de fricció i és més fàcil de predir-ne el comportament.

b) Com que els valors del coeficient de rodolament en l'arrencada i en el moviment són molt pròxims, no es produeix el fenomen de *stick-slip*.

c) Introdueix elements estandarditzats, més fiables i de més gran precisió, alhora que facilita les tasques de manteniment.

Inconvenients del contacte rodolant. Hi ha també alguns inconvenients del contacte rodolant enfront del contacte lliscant, com poden ser la menor tolerància als cops, en algunes ocasions el soroll. Però potser l'aspecte que demana una atenció més gran és la rigidesa: en efecte, entre els punts més deformables de l'estructura de guiatge d'una màquina hi ha els enllaços, i més si han estat materialitzats per contactes rodolants.

Rigidesa del contacte rodolant

Atesa la relativa poca rigidesa del contacte rodolant, és interessant d'analitzar les deformacions que experimenten les dues principals formes constructives, idealitzades pels contactes *bola-pla* i *corró-pla*.

A continuació es donen unes fórmules que expressen la variació de la deformació en funció dels principals paràmetres geomètrics dels elements rodolants. La Figura 5.3 mostra la seva aplicació a diferents tipus de rodament, on es reflecteixen les rigideses radial i axial (pendents de les respectives corbes) en funció del tipus de contacte rodolant i de la disposició geomètrica del rodament.

Deformació en el contacte bola-pla:

$$\delta_b = \text{factor} \cdot \sqrt[3]{\frac{F_N^2}{d_b}}$$

On: δ_b = Deformació en el contacte bola-pla
      F_N = Força normal que s'exerceixen mútuament bola i pla
      d_b = Diàmetre de la bola

Per a petites forces normals, la rigidesa en el contacte bola-pla és molt baixa per després créixer progressivament amb l'augment de la càrrega; presenta, doncs, una característica elàstica fortament progressiva. Per aquest motiu, quan es vol millorar la rigidesa en el contacte bola-pla, es dóna una precàrrega sobre els elements rodolants a fi de situar-se en una zona de pendent més elevada (Figura 5.5), però això té com a contrapartida un augment de la fricció per rodolament i en una disminució de la vida útil del conjunt. Malgrat la precàrrega, la rigidesa del contacte bola-pla és comparativament més baixa que la del contacte corró-pla.

Deformació en el contacte corró-pla:

$$\delta_b = \text{factor} \cdot \frac{F_N^{0.9}}{l_c^{0.8}}$$

On: δ_c = Deformació en el contacte corró-pla
      F_N = Força normal que s'exerceixen mútuament corró i pla
      l_c = Longitud del corró

La característica elàstica del contacte corró-pla té un comportament molt més pròxim al lineal, tot i que manté una lleugera progressivitat; per tant, no es produeixen diferències de rigidesa tan acusades amb la càrrega com en el contacte bola-pla. La rigidesa del contacte corró-pla és globalment molt més alta que la del contacte bola-pla (Figura 5.3a).

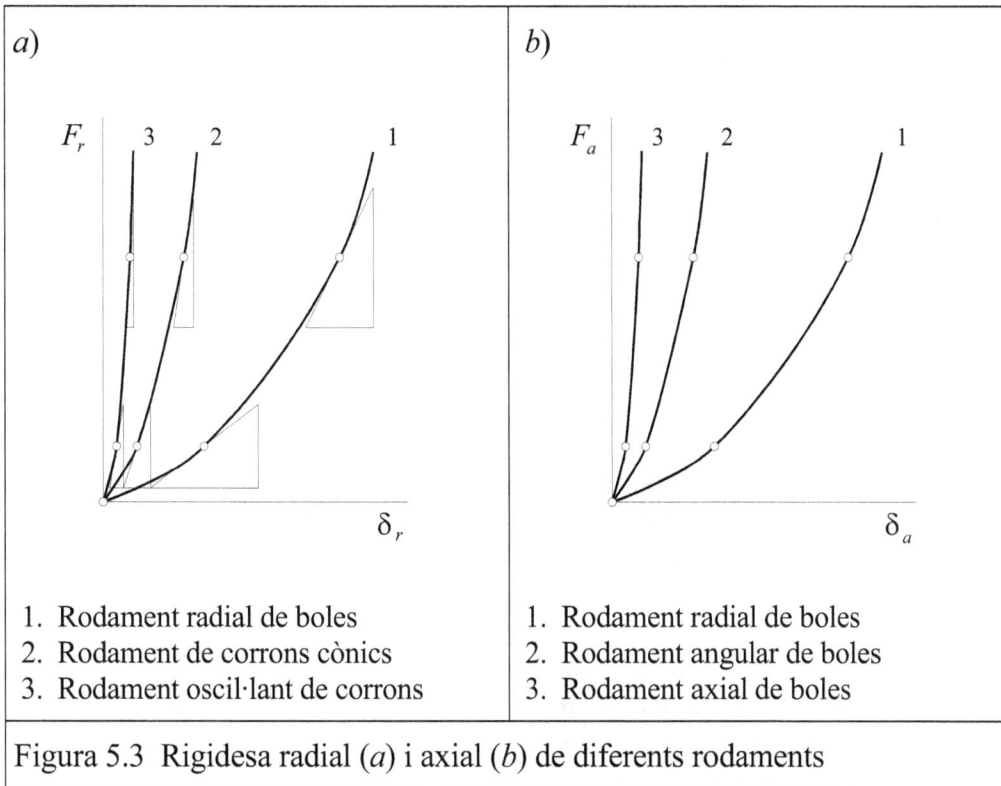

1. Rodament radial de boles
2. Rodament de corrons cònics
3. Rodament oscil·lant de corrons

1. Rodament radial de boles
2. Rodament angular de boles
3. Rodament axial de boles

Figura 5.3 Rigidesa radial (*a*) i axial (*b*) de diferents rodaments

5.3 Guiatge de rotació

Introducció

Com ja s'ha dit, la materialització dels moviments de rotació s'ha resolt de forma eficaç des de temps històrics, però no ha estat fins fa un segle, amb el naixement de la indústria del rodament, que el guiatge de rotació ha obtingut la seva plena maduresa.

Els coixinets de fricció (contacte lliscant) han estat, i són encara, una solució vàlida per a la materialització d'alguns dels enllaços de revolució. Però la fiabilitat i la comoditat dels rodaments fa que aquests ocupin cada dia un espai més gran en la construcció de màquines.

Avui dia, els coixinets de fricció troben el seu principal ús en les aplicacions extremes: en les de menys compromís perquè poden resultar més barats que els rodaments (articulacions amb càrregues moderades o amb velocitats de rotació petites); i en aplicacions de grans prestacions que els rodaments difícilment poden cobrir (coixinets de cigonyal dels motors d'explosió, sotmesos a xocs i a altes velocitats; coixinets de turbines de centrals elèctriques, de grans diàmetres i altes velocitats; lubricats tots per sistemes de lubricació hidrostàtica i/o hidrodinàmica).

Coixinets de fricció

L'estudi dels coixinets hidrostàtics o hidrodinàmics, fonamentalment relacionats amb sistemes de transmissió, constitueix una matèria especialitzada que surt de l'objecte d'aquest text i, per tant, no és tractada.

Els coixinets de fricció de baixes prestacions, molts lliures de manteniment, han trobat una aplicació molt més àmplia en les funcions de guiatge de les màquines. Estan formats per una dolla, amb valona o sense (Figura 5.4a), que s'encasta per la cara exterior en un allotjament i llisca per la cara interior sobre un eix, generalment d'acer.

El principal paràmetre que defineix el seu funcionament en sec és el factor PV_{adm}, producte de la pressió diametral sobre la dolla, P, per la velocitat tangencial de lliscament, V (Figura 5.4). La pressió diametral es defineix com el quocient entre la força aplicada i el producte del diàmetre per l'amplada de contacte: $P=F/(b \cdot d)$. El factor PV és directament proporcional a la potència dissipada per unitat de superfície i està relacionat amb la temperatura admissible. Per a coixinets lubricats amb aportació de lubricant aquesta condició pot ser àmpliament superada gràcies a l'efecte de refrigeració. També s'acostuma a limitar la pressió màxima admissible $P_{màx}$ i la velocitat màxima admissible $V_{màx}$, però les determinacions proporcionades pels fabricants no solen ser gaire precises.

Taula 3

Material	$P_{màx}$ (MPa) (estàtic)	$P_{màx}$ (MPa) (dinàmic)	$V_{màx}$ (m/s)	PV_{adm} (MPa.m/s)
Bronze sinteritzat	150	20	5	18,0
Metall-PTFE	250	50	2	0,25 - 3,60
Poliamida		14	3	0,15 - 0,45

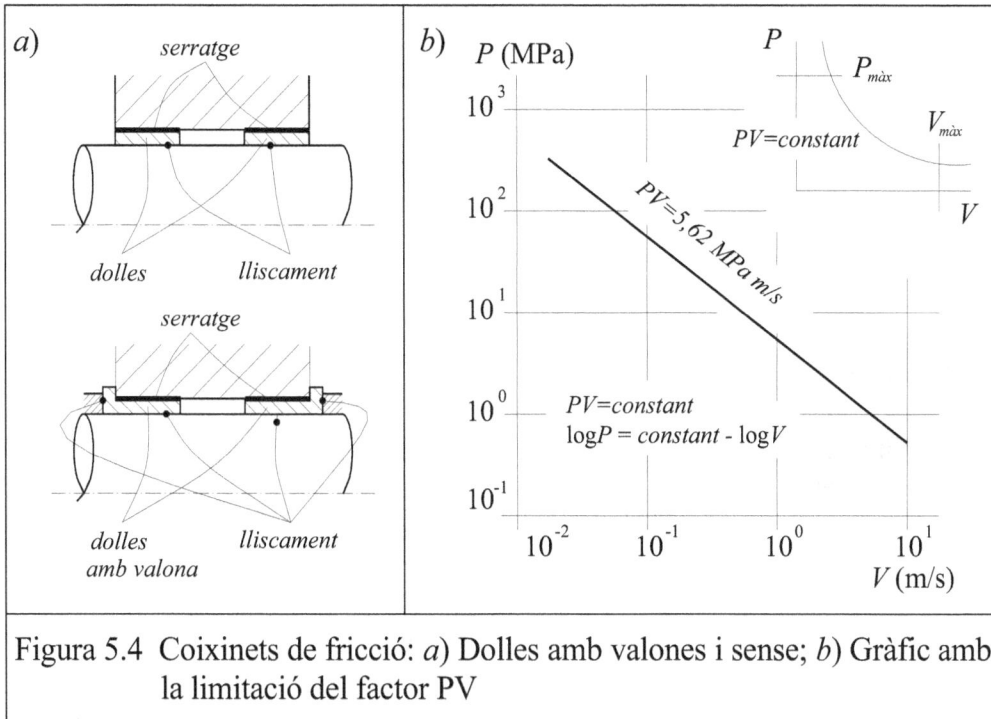

Figura 5.4 Coixinets de fricció: *a*) Dolles amb valones i sense; *b*) Gràfic amb la limitació del factor PV

Rodaments. Tipus

Els rodaments són components formats per una fila d'elements rodolants, generalment mantinguts a distàncies equidistants gràcies a una gàbia, que es mou entre dos anells, un interior unit a un eix i, un altre exterior, unit a un allotjament.

Entre les moltes classificacions possibles dels rodaments, a continuació es ressenyen les dues que són més determinants en el moment de la seva selecció i aplicació:

A) *Rodaments de boles / Rodaments de corrons*

En el primer grup, els elements rodolants són boles, mentre que, en el segon grup, són corrons. La diferent geometria dels elements rodolants és la causa de les diferències de característiques més destacades entre aquests dos tipus de rodament: la capacitat de càrrega i la rigidesa són més altes en els rodaments de corrons, mentre que el límit de revolucions per minut és superior en els rodaments de boles.

B) Rodaments radials / Rodaments axials

El contacte entre els elements rodolants i els anells en els primers és radial, mentre que, en els segons, és axial. Els rodaments de contacte oblic (angulars de boles, de corrons cònics, o oscil·lants) són considerats radials o axials segons el tipus de càrrega principal a què estan destinats, la qual constitueix alhora la càrrega de referència per al càlcul.

Característiques dels rodaments

A continuació es comenten diverses característiques dels rodaments, tot fent un especial esment a les determinacions de la Figura 5.6.

Capacitats de càrrega

Les capacitats de càrrega de la Figura 5.6, tant les dinàmiques com les estàtiques, les radials com les axials, han estat referides a un terme mig per a cada grup de dimensions ($d<50$ mm; $d>50$ mm), prenent la capacitat de càrrega per unitat de volum del rodament.

Referent a la capacitat de càrrega, es poden establir els comentaris següents: *a*) Els rodaments de corrons tenen una capacitat de càrrega superior als de boles (entre el doble i el triple); *b*) La capacitat de càrrega estàtica dels rodaments de corrons és, en general, superior a la dinàmica, mentre que en els de boles és a l'inrevés; *c*) La càrrega radial és suportada de forma desigual per la meitat dels elements rodolants, mentre que la càrrega axial és suportada uniformement per tots ells (capacitats de càrrega axial comparativament altes); i *d*) Tenint en compte la capacitat de càrrega i el preu, s'observa que, per a petites dimensions, els rodaments de boles són més favorables, mentre que, per a grans dimensions, ho són els de corrons.

Rigidesa

El factor que més influeix en la rigidesa d'un rodament és el tipus d'element rodolant: els rodaments de corrons són més rígids (Figura 5.6) i la rigidesa experimenta menys variació amb la càrrega (Figura 5.3a) que els rodaments de boles; els rodaments radials de boles, els oscil·lants de boles i els oscil·lants de corrons tenen una rigidesa axial més baixa comparativament a la capacitat de càrrega, a causa del petit angle de contacte angular.

La rigidesa dels rodaments, especialment la dels de boles, millora sensiblement si es precarreguen els elements rodolants (Figura 5.5), malgrat que això té com a contrapartida un augment de la fricció, una disminució del límit de revolucions i una sensible disminució de la vida.

La Figura 5.5b mostra l'efecte de la precàrrega en la rigidesa d'un muntatge de dos rodaments angulars de boles disposats en O. Quan s'aplica una força, ΔF, sense haver-hi precàrrega, el rodament B experimenta una deformació axial, Δ_B (Figura 5.5b, primer diagrama). Si es precarrega el conjunt, els dos rodaments experimenten una deformació inicial que situa el punt de treball a Q. En aplicar la mateixa força, ΔF, sobre el conjunt precarregat, disminueix la força sobre el rodament A, augmenta la força sobre el rodament B i la deformació addicional resultant, $\Delta\delta$, és molt més petita que la del cas anterior (Figura 5.5b, segon diagrama).

La Figura 5.5a2 mostra un sistema de fixació dels rodaments a l'eix, per mitjà d'un maniguet de muntatge, que permet donar una precàrrega axial controlada. La precàrrega obtinguda per simple serratge dels anells en l'allotjament i l'eix és molt aleatòria i, per tant, no recomanable.

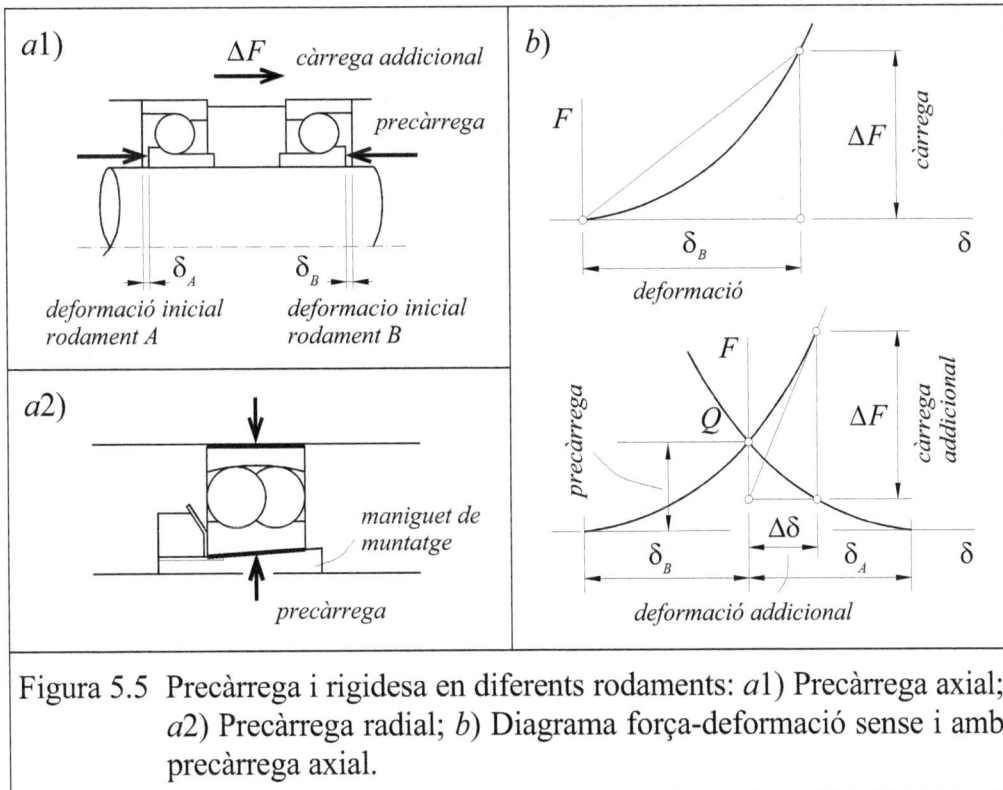

Figura 5.5 Precàrrega i rigidesa en diferents rodaments: a1) Precàrrega axial; a2) Precàrrega radial; b) Diagrama força-deformació sense i amb precàrrega axial.

Límit de revolucions

Els rodaments estan previstos per a un nombre màxim de revolucions que té com a factor limitador principal la temperatura admissible de funcionament del lubricant (amb lubricació per oli, el límit de revolucions és entre un 15 i un 30% més alta que amb lubricació per greix). Els valors donats en els catàlegs corresponen a càrregues relativament moderades (entre 30.000 i 100.000 hores de funcionament).

Indirectament, també hi tenen una incidència important altres factors (Figura 5.6): el tipus de rodament (límit més alt en els de boles que en els de corrons, i en els de contacte radial que en els de contacte angular; el límit dels de contacte axial és molt baix); la seva dimensió (com més grans els rodaments, més lents); el tipus d'obturació (els llavis obturadors imposen reduccions de velocitat); el tipus de gàbia; i el joc, entre d'altres.

Desalineació angular

El joc de funcionament i les deformacions permeten adaptar els rodaments a petites desalineacions angulars. Els rodaments de boles admeten desalineacions majors que els de corrons, totes limitades a uns 10' d'angle, i els oscil·lants poden absorbir desalineacions de fins a alguns graus.

Cal tenir en compte que forçar un rodament a adoptar una desalineació superior a l'especificada condueix a unes sobrecàrregues sobre els elements rodolants que dóna lloc a una ràpida disminució de la seva vida.

Lubricació i obturació

La lubricació té per funció bàsica evitar el contacte directe entre els elements rodolants i les pistes (reducció de la fricció i prevenció de la corrosió i el desgast) i pot ser realitzada amb greix o amb oli.

El greix és més fàcil de retenir que l'oli i contribueix a evitar l'entrada d'humitat i impureses. La lubricació amb greix és, doncs, la més habitual en rodaments que s'utilitzen en condicions normals i la seva implantació és més fàcil (roda de motocicleta, suport aïllat, etc.). La lubricació amb oli es reserva per a aquelles aplicacions en què són necessàries altes velocitats, la dissipació de calor o quan ho exigeixen els mecanismes adjacents de la màquina (engranatges, lleves, mecanisme de motor d'explosió, etc.).

Quan la geometria ho permet (fonamentalment en els rodaments radials de boles, però també en els de doble filera de boles o corrons), el rodament pot incorporar sistemes de retenció del greix (làmines metàl·liques molt ajustades a l'eix) o d'obturació del greix (llavis de material elastòmer que freguen sobre un dels anells), en una o dues de les cares (en aquest darrer cas, amb lubricació de per vida). Els rodaments que incorporen un sistema d'obturació presenten una disminució del límit de revolucions.

En la resta dels casos, cal preveure sistemes de retenció o d'obturació externs (retenidors radials o axials, diversos tipus de segellatge) que sovint comporten limitacions de velocitat i una complicació constructiva gens negligible (espais axials, superfícies de fregament endurides, etc.).

Parell de fricció

El coeficient de fricció aparent d'un rodament, μ_a, es defineix de forma que el parell de fricció, M_f, sigui el producte d'aquest coeficient per la força que transmet el rodament, F, i pel radi de l'eix, $d/2$, sobre el qual va muntat ($M_f = \mu_a \cdot F \cdot d/2$). La Taula 4 proporciona els valors usuals del coeficient de fricció per als diferents tipus de rodaments.

Taula 4

Coeficient de fricció aparent, μ_a	
Rodaments radials de boles	0,0015
Rodaments de corrons cilíndrics	0,0011
Rodaments d'agulles	0,0025
Rodaments angulars de boles	0,0024
Rodaments de corrons cònics	0,0018
Rodaments oscil·lants de boles	0,0010
Rodaments oscil·lants de corrons	0,0018
Rodaments axials de boles	0,0013
Rodaments axials oscil·lants de corrons	0,0018

Cal constatar que els valors del coeficient de fricció aparent en els rodaments (de 0,0010 a 0,0025) són uns dos ordres de magnitud més baixos que els que tenen els coixinets de fricció (de 0,04 a 0,20), fet que avala el seu extens ús. Entre els rodaments no s'aprecien diferències massa determinants pel que fa al coeficient de fricció aparent i, entre els que suporten càrregues importants, destaca el baix valor de la fricció en els rodaments de corrons cilíndrics.

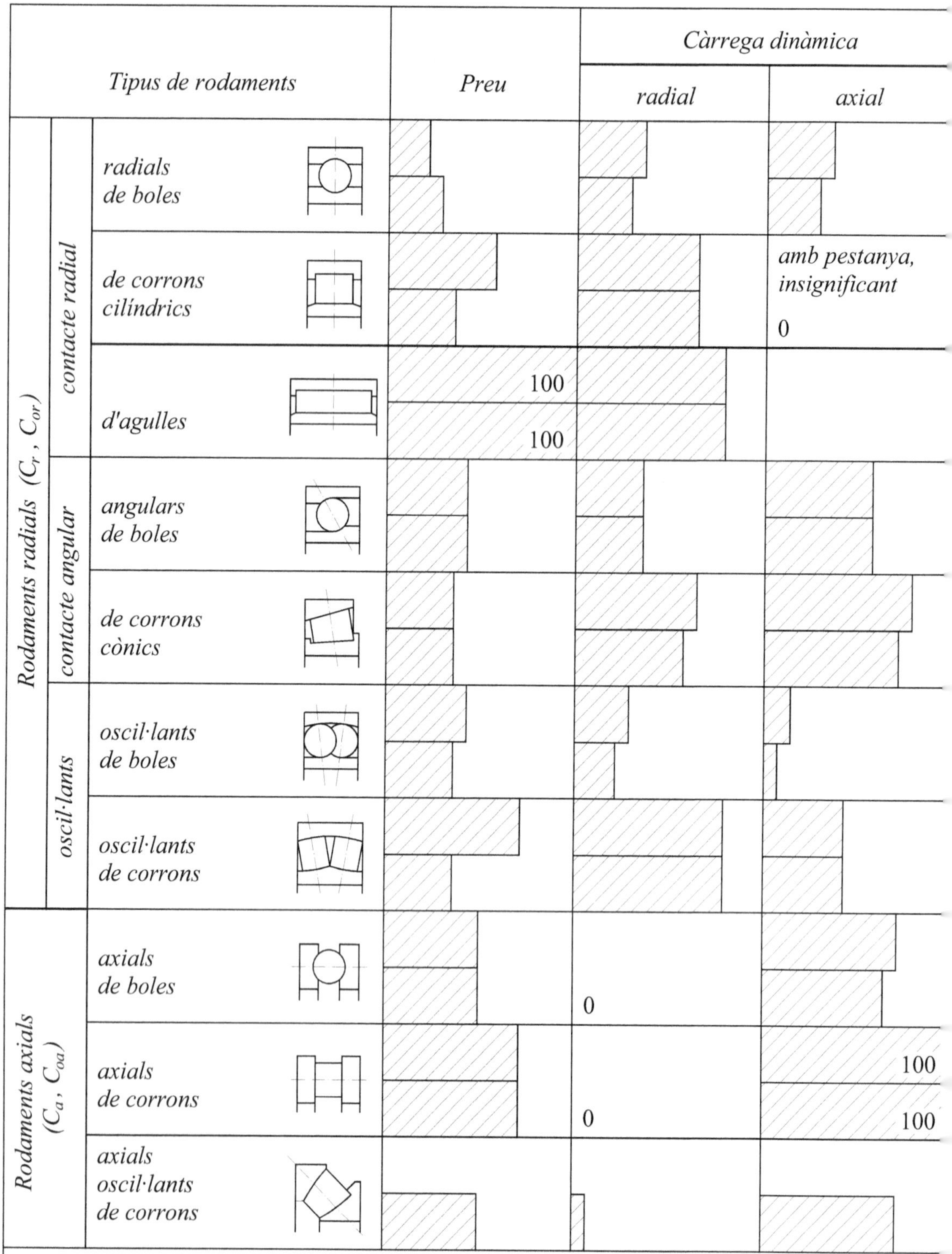

| | | Tipus de rodaments | Preu | Càrrega dinàmica | |
				radial	axial
Rodaments radials (C_r, C_{or})	contacte radial	radials de boles			
		de corrons cilíndrics			amb pestanya, insignificant 0
		d'agulles	100 100		
	contacte angular	angulars de boles			
		de corrons cònics			
	oscil·lants	oscil·lants de boles			
		oscil·lants de corrons			
Rodaments axials (C_a, C_{oa})		axials de boles		0	
		axials de corrons		0	100 100
		axials oscil·lants de corrons			

Figura 5.6 Comparació de característiques de diferents rodaments

Càrrega estàtica		Rigidesa	Límit de revolucions	Desalineació angular	
radial	axial			0-10'	0,5-3°
		radial	100		
		axial	100		
	amb pestanya, insignificant 0	0			
110 185	0	0			
				100	
				100	
100					
	135 150	0			
0	270 370	0			
0	220				

Barra superior d<50 mm; Barra inferior d >50 mm (excepte per a la rigidesa)

Disposició i fixació dels rodaments

Hi ha alguns rodaments capaços de suportar moments segons els eixos perpendiculars al de rotació (fonamentalment, els no oscil·lants de dues fileres d'elements rodolants i els de boles de quatre punts de contacte (Figura 5.8*e*), fet que possibilita la materialització d'un enllaç de revolució amb un sol rodament. Tanmateix, la major part dels rodaments no suporten moments transversals i, per tant, la materialització més freqüent de l'enllaç de revolució es realitza amb dos rodaments amb els eixos alineats i separats una certa distància. També hi ha disposicions amb tres o més rodaments, però, generalment, dos d'ells juguen com una unitat (Figures 5.8*a*3 i 5.8*d*), tot i que, en ocasions, es col·loca un tercer rodament per rigiditzar un eix.

En totes les solucions constructives en què intervenen més d'un rodament són essencials dos aspectes relacionats amb les condicions de funcionament i les necessitats del muntatge, que són: *a*) la *fixació radial*; *b*) la *disposició i fixació axial*.

Fixació radial dels rodaments (Figura 5.7)

Les necessitats del muntatge no fan convenient que un rodament (excepte en determinats tipus) s'ajusti simultàniament amb serratge en l'allotjament i en l'eix. Per tant, cal saber a quin dels dos serratges s'ha de donar prioritat.

Si hi ha joc entre els anells (interior o exterior) i els seus suports (eix o allotjament), l'anell que gira respecte a la direcció de la càrrega experimenta un efecte de laminació consistent en el seu rodolament sobre el suport (Figura 5.7*a*). Aquest efecte dóna lloc a un desgast perjudicial i, en cas de produir-se lliscament entre l'anell i el suport, pot arribar a la destrucció del rodament a causa de la calor generada.

Per evitar aquest efecte, es recomana que la pista que gira respecte a la direcció de la càrrega s'ajusti amb serratge sobre el seu suport. En les Figures 5.7*b* i 5.7*c* s'exemplifica aquesta recomanació.

Quan les càrregues sobre el rodament són molt elevades, o quan la direcció de la càrrega pot girar respecte als dos anells, es recomana de muntar els dos anells ajustats amb serratge, condició que, en general, complica el muntatge del conjunt (la Figura 5.8*c* dóna dos exemples de com fer-ho).

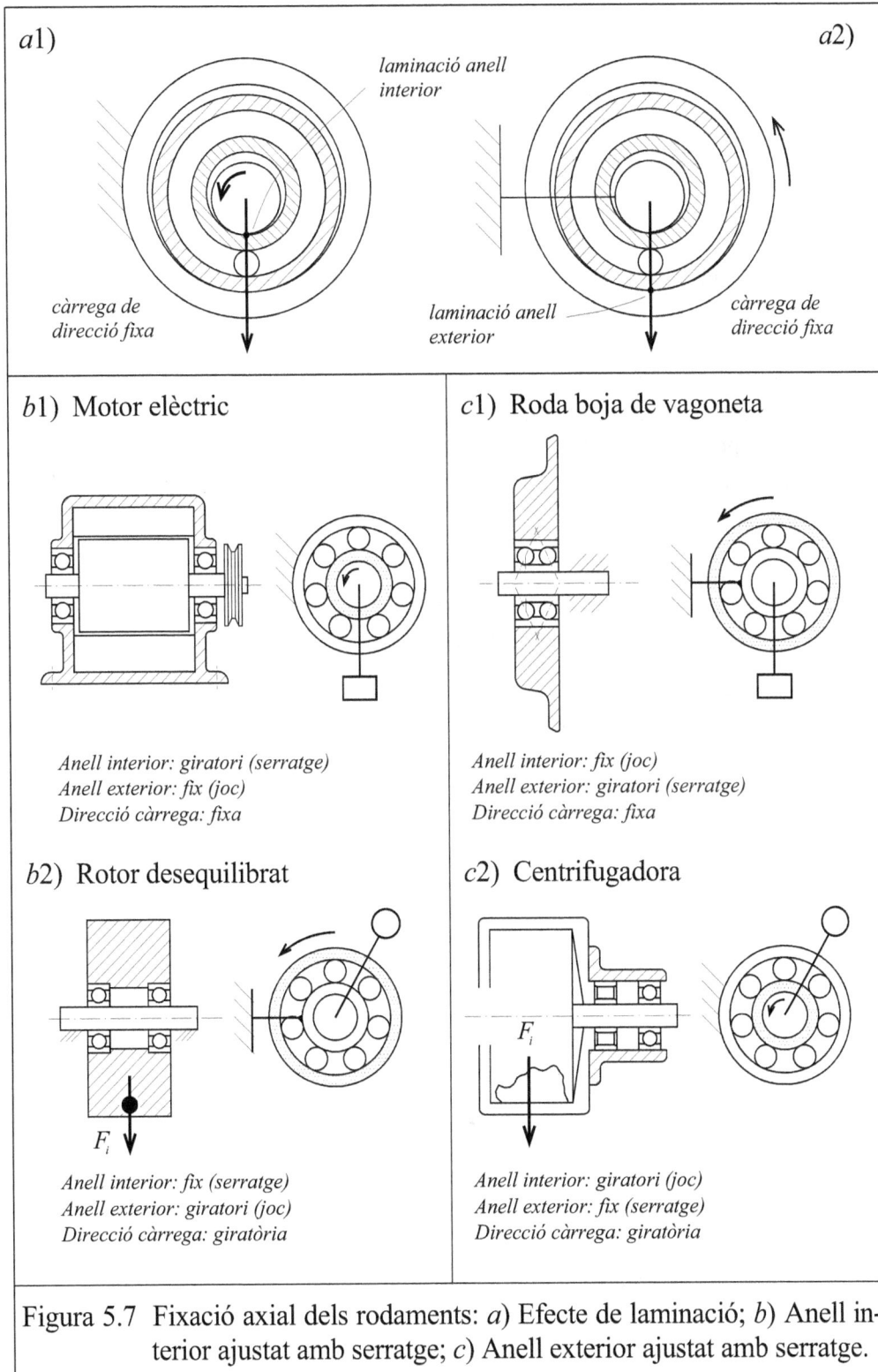

*a*1)   *a*2)

laminació anell
interior

càrrega de
direcció fixa

laminació anell
exterior

càrrega de
direcció fixa

*b*1) Motor elèctric

Anell interior: giratori (serratge)
Anell exterior: fix (joc)
Direcció càrrega: fixa

*c*1) Roda boja de vagoneta

Anell interior: fix (joc)
Anell exterior: giratori (serratge)
Direcció càrrega: fixa

*b*2) Rotor desequilibrat

F_i

Anell interior: fix (serratge)
Anell exterior: giratori (joc)
Direcció càrrega: giratòria

*c*2) Centrifugadora

F_i

Anell interior: giratori (joc)
Anell exterior: fix (serratge)
Direcció càrrega: giratòria

Figura 5.7   Fixació axial dels rodaments: *a*) Efecte de laminació; *b*) Anell interior ajustat amb serratge; *c*) Anell exterior ajustat amb serratge.

Disposició i fixació axial dels rodaments (Figura 5.8)

Quan un arbre és suportat per dos rodaments, convé que la fixació axial es realitzi per un d'ells mentre que l'altre es deixa flotant, ja que és molt difícil assegurar distàncies iguals entre rodaments en l'eix i en els allotjaments (errors de fabricació, dilatacions). En cas contrari, s'originen esforços axials que no fan més que escurçar la vida dels rodaments.

No tots els rodaments són equivalents des del punt de vista de la fixació axial. Alguns (radials de boles, oscil·lants de boles i de corrons) fixen axialment les parts en els dos sentits, d'altres (angulars de boles, cònics) fixen axialment en un sol sentit i es munten per parelles en sentits oposats i, finalment, d'altres (corrons cilíndrics quan no tenen pestanyes, agulles) no ofereixen fixació axial. Els rodaments axials fan funcions només de retenció axial i en general es combinen amb un rodament radial (Figura 5.8d).

En el disseny d'un guiatge de rotació cal fer compatibles, doncs, la fixació radial, la fixació axial i les condicions de muntatge dels rodaments, cosa no sempre senzilla. La Figura 5.8 mostra diverses solucions, algunes de les quals només es poden muntar si els rodaments són de diàmetres diferents.

La Figura 5.8a presenta disposicions amb serratge per l'eix. En l'extrem fix sempre hi ha un rodament que pot retenir axialment (de boles, Figura 5.8a1; angulars de boles, en oposició, Figura 5.8a3; oscil·lant de boles, Figura 5.8a4; oscil·lant de corrons, Figura 5.8a5), mentre que en l'extrem flotant llisca l'anell exterior (Figures 5.8a1 i 5.8a5) o els elements rodolants s'ajusten axialment (Figures 5.8a3 i 5.8a4). En la disposició de la Figura 5.8a2 tot l'allotjament pot fer un petit desplaçament axial i s'utilitza per a muntatges de poc compromís. Les disposicions de les Figures 5.8a6 i 5.8a7 són simètriques i exigeixen un reglatge axial que pot donar lloc, si convé, a una precàrrega.

La Figura 5.8b presenta disposicions amb serratge per l'allotjament. Els exemples de les Figures 5.8b1 i 5.8b2 són anàlegs als de les Figures 5.8a1 i 5.8a6, mentre que l'exemple de la Figura 5.8b3 presenta analogies amb el de la Figura 5.8a2 (permet un petit desplaçament axials de l'eix, però ara el lliscament es produeix entre els elements rodolants i les pistes).

La Figura 5.8c mostra disposicions amb serratge pels dos anells. L'exemple de la Figura 5.8c1 obté la fixació axial amb un anell angular, mentre que en el de la Figura 5.8c2 es fixen els anells interiors (lleugerament cònics) en qualsevol punt de l'eix per mitjà de maniguets de muntatge.

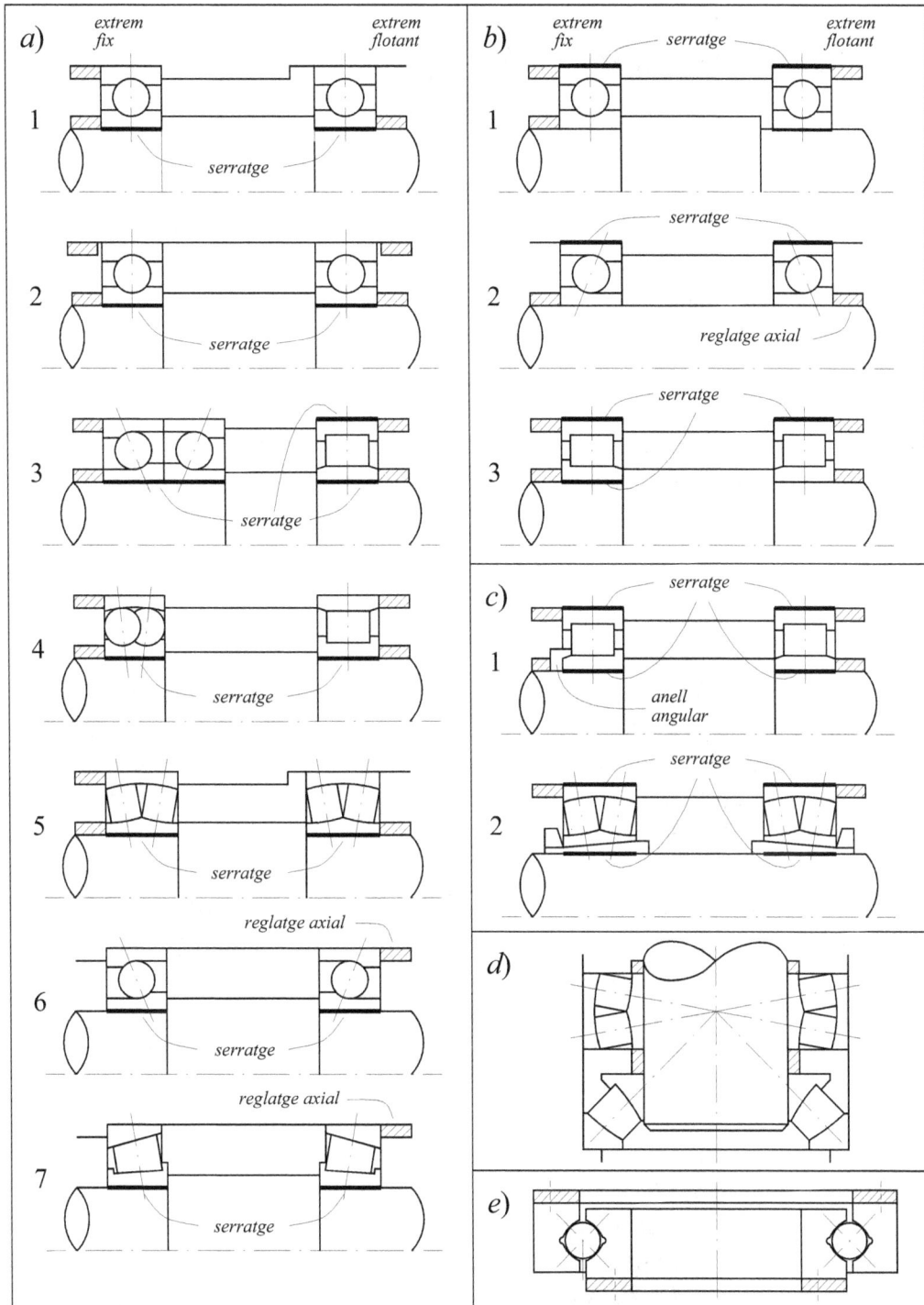

Figura 5.8 Disposició axial de rodaments: *a*) Serratge amb l'eix; *b*) Serratge amb l'allotjament; *c*) Serratge amb l'eix i l'allotjament; *d*) Amb rodament axial; *e*) Rodament únic amb quatre punts de contacte.

5.4   Guiatge de translació

Introducció

El guiatge dels moviments de translació és molt més freqüent del que hom es pensa i sovint dóna més dificultats de les que caldria esperar (fenomen d'autoretenció, rendiment baix, falta de rigidesa, desgast, etc.).

Molts dels guiatges de translació es materialitzen per mitjà de contactes lliscants per la seva simplicitat constructiva (calaixos de mobles, pestells de portes, teclats d'ordinador), però cada dia són més freqüents les màquines que incorporen components que materialitzen el guiatge de translació per mitjà de contactes rodolants.

Autoretenció (Figura 5.9)

Fenomen que es dóna quan una força aplicada a un membre d'una màquina és absorbida per una o més forces d'enllaç que incideixen dintre dels respectius cons d'adherència en els contactes sense que s'iniciï el lliscament. Un augment del valor de la força sols provoca un creixement proporcional de les reaccions, eventualment fins a la destrucció de l'enllaç.

Tothom té l'experiència del fenomen de l'*autoretenció* com un inconvenient (un calaix que s'encalla, una tecla que es bloqueja), però també pot ser útil per a dispositius antiretorn o en el bloqueig de determinades peces (Figura 5.11*b*). El control correcte del fenomen de l'autoretenció en els guiatges de translació és un dels aspectes que donen més qualitat a les màquines i és l'objecte dels paràgrafs que vénen a continuació.

Es considera un bloc de longitud l i amplada h que llisca dintre d'una guia d'amplada de guiatge b (lleugerament més gran que h; Figura 5.9*a*). Segons la direcció i sentit de la força, F, aplicada respecte al centre geomètric del bloc, Q, aquest s'entregirarà i tocarà pels extrems A i B' (tal com mostra la figura) o pels punts A' i B. A causa de l'entregirament, la longitud de guiatge, a, és lleugerament més curta que longitud del bloc, l, fet que amplifica l'efecte d'autoretenció, però, per a jocs petits (o angles α petits), aquesta diferència és negligible.

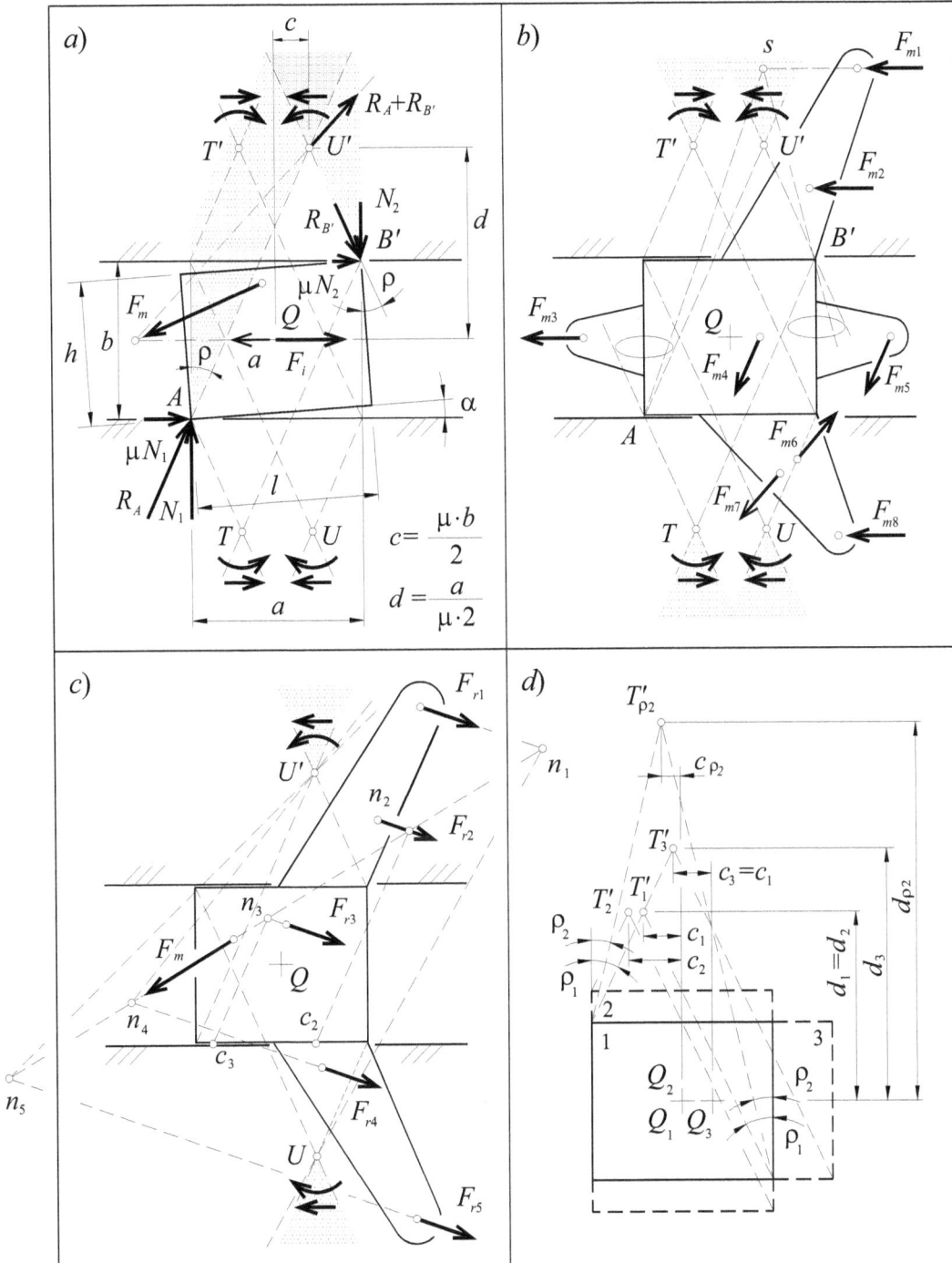

Figura 5.9 Autoretenció en un enllaç prismàtic (o guia-corredora): *a*) Geometria del fenomen; *b*) Força motora i autoretenció; *c*) Equilibri entre una força motora i una força resistent; *d*) Influència dels diferents paràmetres

Quan hi ha lliscament, la suma de reaccions de contacte entre la guia i el bloc passa per un dels quatre punts T, T', U o U' (punts d'autoretenció), que és determinat per la direcció i sentit de la força motora, F_m (Figura 5.9a). Els paràmetres $c=\mu\cdot b/2$ i $d=a/(2\cdot\mu)$ fixen la posició dels punts d'autoretenció respecte al centre geomètric del bloc, Q. Més enllà d'aquests punts, hi ha unes zones d'interferència entre els cons d'adherència en els punts de contacte (ombrejades en les Figura 5.9a i següents).

Si la línia d'acció d'una força motora, F_{m1} (Figura 5.9b), travessa la corresponent zona d'interferència, té lloc l'autoretenció del bloc, ja que aquesta força s'equilibra directament amb dues reaccions de contacte (R_{A1} i R_{B1}, en la Figura 5.9b) que passen per l'interior dels dos cons d'adherència.

En cas contrari, el bloc avança en el sentit marcat per la projecció de la força motora sobre la guia. El sistema de forces es pot equilibrar de dues maneres: o amb la força d'inèrcia, fruit de l'acceleració del bloc (Figura 5.9a); o amb una força resistent, F_r, aplicada sobre el bloc (Figura 5.9c).

La Figura 5.9b mostra diverses situacions de les forces motores en relació al fenomen de l'autoretenció: les forces F_{m1} i F_{m2} es referencien en el punt U', i la força F_{m1} produeix autoretenció; les forces F_{m4}, F_{m5}, F_{m7} i F_{m8} es referencien en el punt U, i les forces F_{m5} i F_{m8} produeixen autoretenció; la força F_{m6} es referencia en el punt T i produeix autoretenció; finalment, la força F_{m3} no produeix bolcada en cap sentit, ni tampoc autoretenció.

La Figura 5.9c mostra que l'equilibri entre una força motora no autoretenidora, F_m, i diverses forces resistents qualssevol, de F_{r1} a F_{r5}, en cap cas dóna lloc a autoretenció. En efecte, la bolcada induïda per les forces resistents F_{r4} i F_{r5} correspon al punt d'autorretenció U', i la força equilibradora passa per fora de la zona d'interferència. Les forces resistents F_{r2} i F_{r3} obliguen el bloc a tocar per un sol costat i la reacció de contacte passa pels punts c_2 i c_3 sobre la base inferior. Finalment, la força resistent F_{r1} inverteix la bolcada de la força motora F_m) i el punt d'autoretenció és U; la força equilibradora passa novament per fora de la zona d'interferència. Cal observar que, si les funcions de la força motora i de la força resistent s'intercanvien, les forces F_{r1} i F_{r5} provoquen autoretenció.

Per completar aquest estudi, cal analitzar la influència dels diferents paràmetres sobre la geometria del fenomen de l'autoretenció (Figura 5.9d). Com més allunyats estan els punts d'autoretenció de la línia mitjana de la guia (paràmetre d), menys probable és el fenomen d'autoretenció. El paràmetre d és proporcional a la longitud de guiatge, a (si s'augmenta la llargada de la guia, s'allunya la possibilitat d'autoretenció), i inversament proporcional al coeficient de fricció (el contacte rodolant allunya molt la possibilitat d'autoretenció). L'amplada de guiatge, b, tan sols influeix de forma determinant en l'autoretenció quan és $a < \mu \cdot b$ (calaix curt i ample, Figura 5.7e).

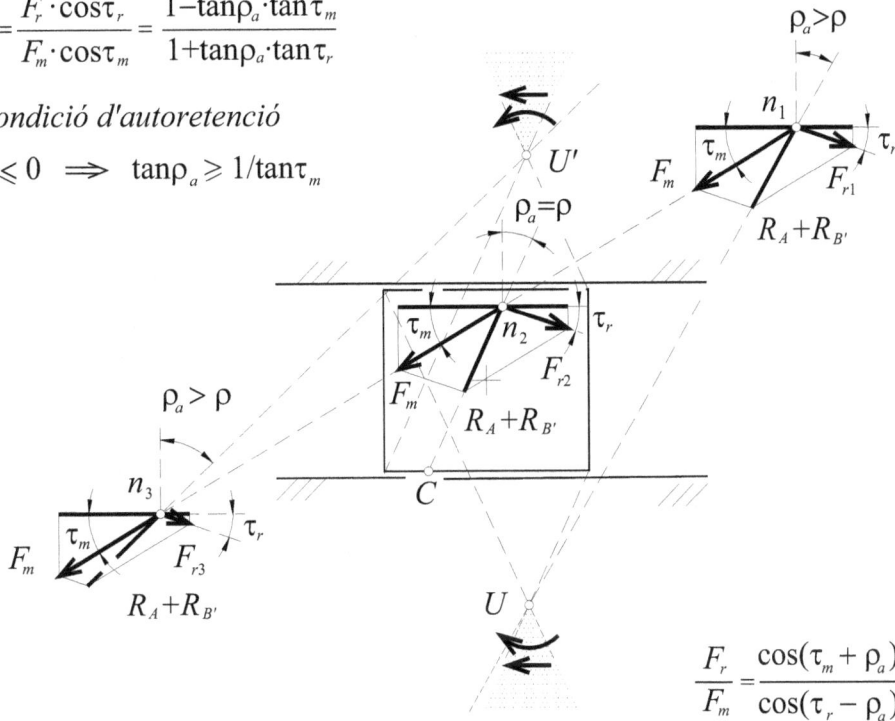

Rendiment:

$$\eta = \frac{F_r \cdot \cos\tau_r}{F_m \cdot \cos\tau_m} = \frac{1 - \tan\rho_a \cdot \tan\tau_m}{1 + \tan\rho_a \cdot \tan\tau_r}$$

Condició d'autoretenció

$$\eta \leqslant 0 \implies \tan\rho_a \geqslant 1/\tan\tau_m$$

$$\frac{F_r}{F_m} = \frac{\cos(\tau_m + \rho_a)}{\cos(\tau_r - \rho_a)}$$

Figura 5.10 Rendiment en un enllaç prismàtic

El *rendiment* en un enllaç prismàtic es defineix com el quocient entre les projeccions de les forces motora, F_m, i resistent, F_r, sobre la direcció de la guia, i la seva fórmula es troba en la Figura 5.10. La composició de forces s'estableix sabent que la força equilibradora passa pels punts U, c o U' (per consideracions anàlogues a les de la Figura 5.9c), i partint dels angles de transmissió (motor, τ_m, i resistent, τ_r, com si la força resistent es convertís en motora). Per a unes mateixes forces motora i resistent, el rendiment canvia amb la situació del punt d'intersecció de les seves línies d'acció i empitjora quan l'angle de fricció aparent, ρ_a, és major que l'angle de fricció, ρ. La condició d'autoretenció surt d'igualar el numerador a zero.

Exemples d'autoretenció

La figura 5.11 mostra diferents mecanismes relacionats amb el fenomen de l'autoretenció:

Tecla d'ordinador. La figura 5.11*a* presenta una disposició habitual de teclat d'ordinador. Quan la superfície de contacte entre la tecla i el suport està en bon estat, la geometria és l'adequada per a un funcionament correcte (punt d'autoretenció T_1'), però, quan amb l'ús es deteriora, el coeficient de fricció augmenta (punt d'autoretenció T_2') i, en pitjar descentradament la tecla, es produeix autoretenció i no baixa.

Mecanisme d'autoretenció de càrregues. La figura 5.11*b* mostra una solució senzilla de mecanisme d'elevació amb dispositiu d'autoretenció. El cilindre d'accionament sempre acciona la corredora fora de les zones d'interferència; però quan l'acció del pes, F_r, intenta moure el sistema, es produeix autoretenció, ja que la seva línia d'acció passa per la zona d'interferència, més enllà del punt d'autoretenció U'.

Mecanisme de dues corredores. La figura 5.11*c* mostra una transmissió de forces en un mecanisme de dues corredores. Quan la força motora s'aplica al membre 3, no es produeix autoretenció en cap dels dos enllaços prismàtics. El lector pot comprovar que, si el moviment de la transmissió s'inverteix, l'enllaç entre el membre 3 i la base experimenta autoretenció.

Calaix llarg i estret. La figura 5.11*d* mostra una secció vertical d'un calaix llarg i estret. En aquest cas no es dóna mai autoretenció (a menys que el joc sigui molt gran i el calaix pengi), ja que les forces de fricció depenen del pes P, força independent de l'acció motora, F; augmentant aquesta acció sempre és possible iniciar el moviment.

Calaix curt i ample. La figura 5.11*e* mostra una secció horitzontal d'un calaix curt i ample (calaixera). Quan està molt enfora, la proporció entre l'amplada, b, i la longitud, a, de guiatge és tan exagerada que la zona d'interferència dels cons d'adherència comença a l'interior de l'amplada de guiatge i està determinada pels punts d'autoretenció secundaris V, V', W i W'. Una força aplicada més enllà d'aquests punts (F_1 en la primera representació) produeix autoretenció, mentre que les forces a la zona interior de q no en produeix. Cal observar la ràpida modificació d'aquesta geometria amb el moviment del calaix.

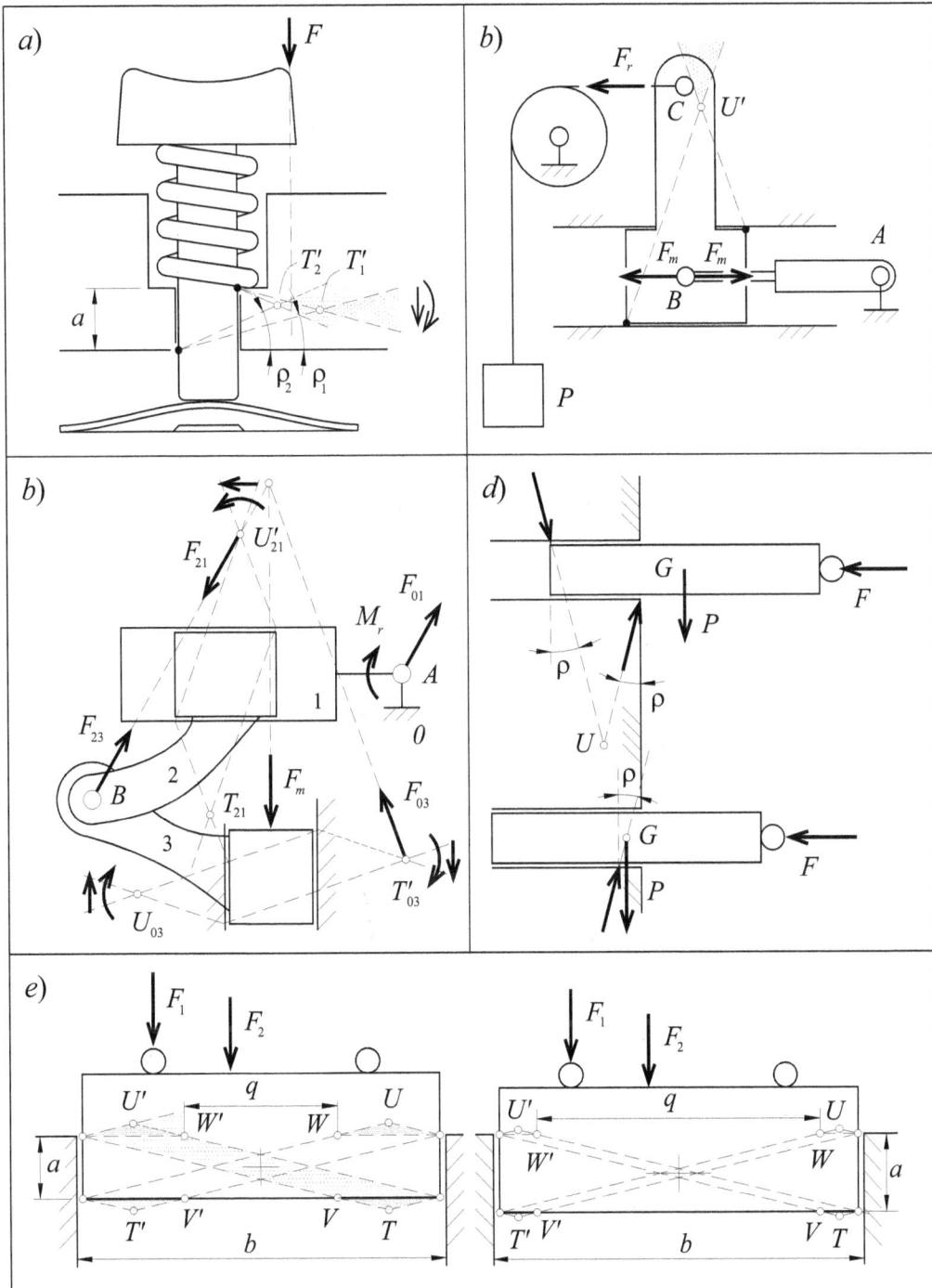

Figura 5.11 Exemples d'autoretenció en guies: *a*) Tecla d'ordinador; *b*) Mecanisme d'autoretenció de càrregues verticals; *c*) Mecanisme de dues corredores; *d*) Calaix llarg i estret (pla vertical); *e*) Calaix curt i ample (pla horitzontal)

Característiques del guiatge de translació

En aquest apartat es descriuen les principals característiques dels sistemes i elements de guiatge de translació, independentment de si les superfícies de guiatge es materialitzen per contacte lliscant o per contacte rodolant.

Geometries bàsiques. La Figura 5.12 reprodueix la secció d'algunes de les geometries bàsiques del guiatge de translació (superfícies de guiatge marcades per línia gruixuda), les quals es poden agrupar en: *a) Disposicions obertes* (només suporten càrregues en determinades direccions i sentits; Figura 5.12*a*); *b) Disposicions tancades* (suporten càrregues en totes les direccions i sentits; Figura 5.12*b*); i *c) Disposicions sobre arbres* (guien membres amb moviment de translació respecte a arbres, disposició utilitzada en diverses transmissions; Figura 5.12*c*).

Disposicions isostàtiques/hiperstàtiques. Entre les disposicions de la Figura 5.12, unes són isostàtiques i, per tant, no queden sotmeses a esforços per errors de fabricació o de muntatge (Figures 5.12*a*1, 5.12*a*2, 5.12*a*4, 5.12*a*5, 5.12*b*3, 5.12*b*4 i 5.12*b*5), mentre que altres són hiperstàtiques i exigeixen una fabricació i muntatge més acurats (Figures 5.12*a*3, 5.12*b*1 i 5.12*b*2). Algunes necessiten falques de reglatge per eliminar els jocs (Figures 5.12*a*4, 5.12*b*3, 5.12*b*4 i 5.12*b*5).

Direccions de les càrregues. Molts dels elements de guiatge (guies de fricció, guies lineals) materialitzen tan sols determinades superfícies de guiatge (Figures 5.13*b* i 5.14*c*), mentre que altres constitueixen una unitat completa de guiatge (Figura 5.14*d*). En cada aplicació cal tenir present les direccions i sentits d'absorció de les càrregues dels elements, prenent especial cura amb els moments (M_x, M_y i M_z en les Figures 5.13*a* i 5.14*a*). Els muntatges amb diversos elements de guiatge disposats en sèrie i/o en paral·lel (taules lineals), poden proporcionar solucions adequades per absorbir sol·licitacions complexes.

Lubricació i protecció. En els elements de guiatge de translació, la guia s'ha de mantenir correctament lubricada i protegida d'objectes i de contaminants en tota la seva longitud de treball. La lubricació s'assegura per diversos sistemes generalment relacionats amb la corredora. La protecció s'aconsegueix bàsicament per dos procediments: *a*) Es col·loquen proteccions de tipus acordió entre la corredora i els extrems de la guia; *b*) El patí disposa d'un rascador que neteja la guia just abans d'establir el contacte amb els elements rodolants.

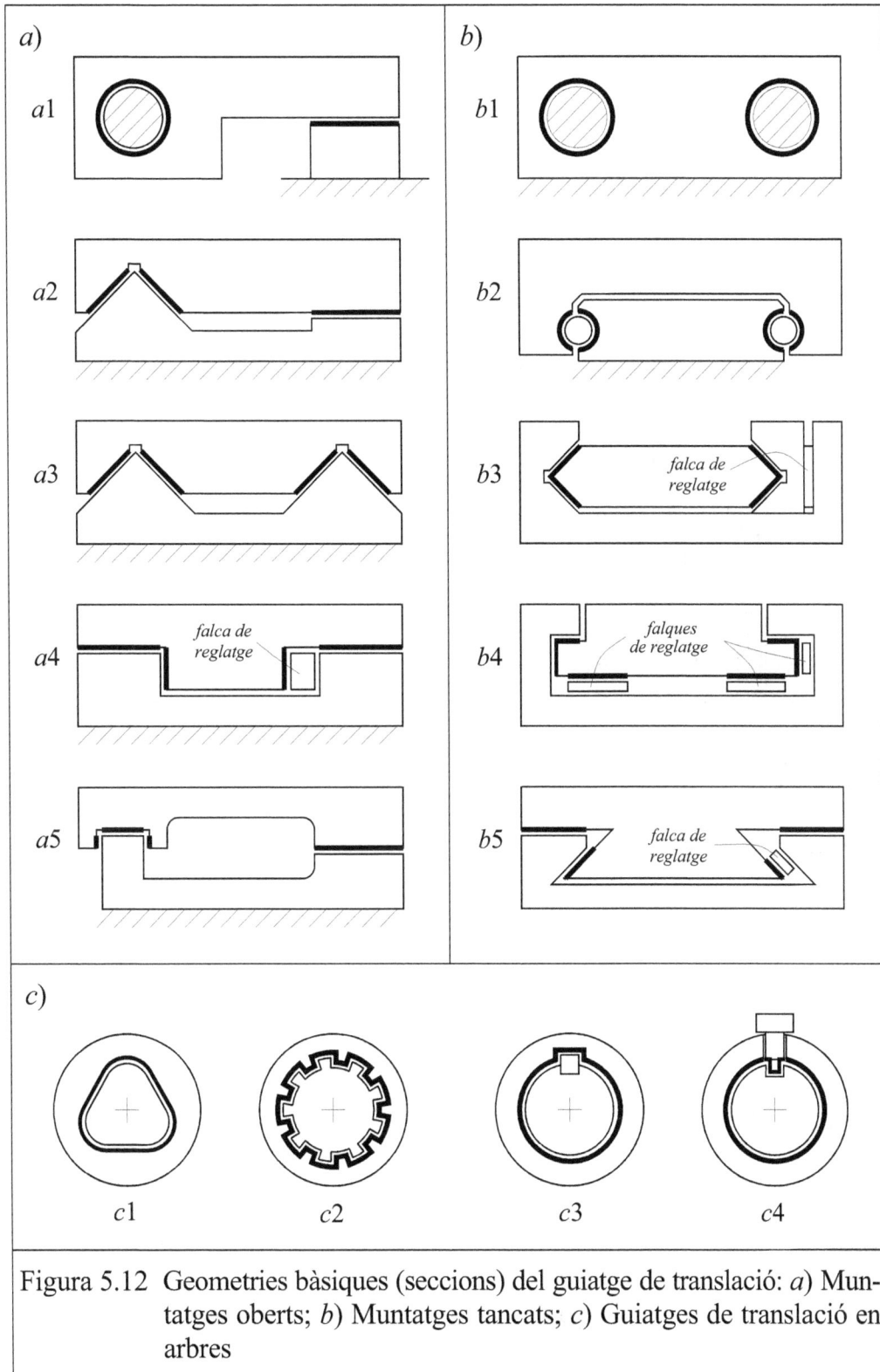

Figura 5.12 Geometries bàsiques (seccions) del guiatge de translació: *a*) Muntatges oberts; *b*) Muntatges tancats; *c*) Guiatges de translació en arbres

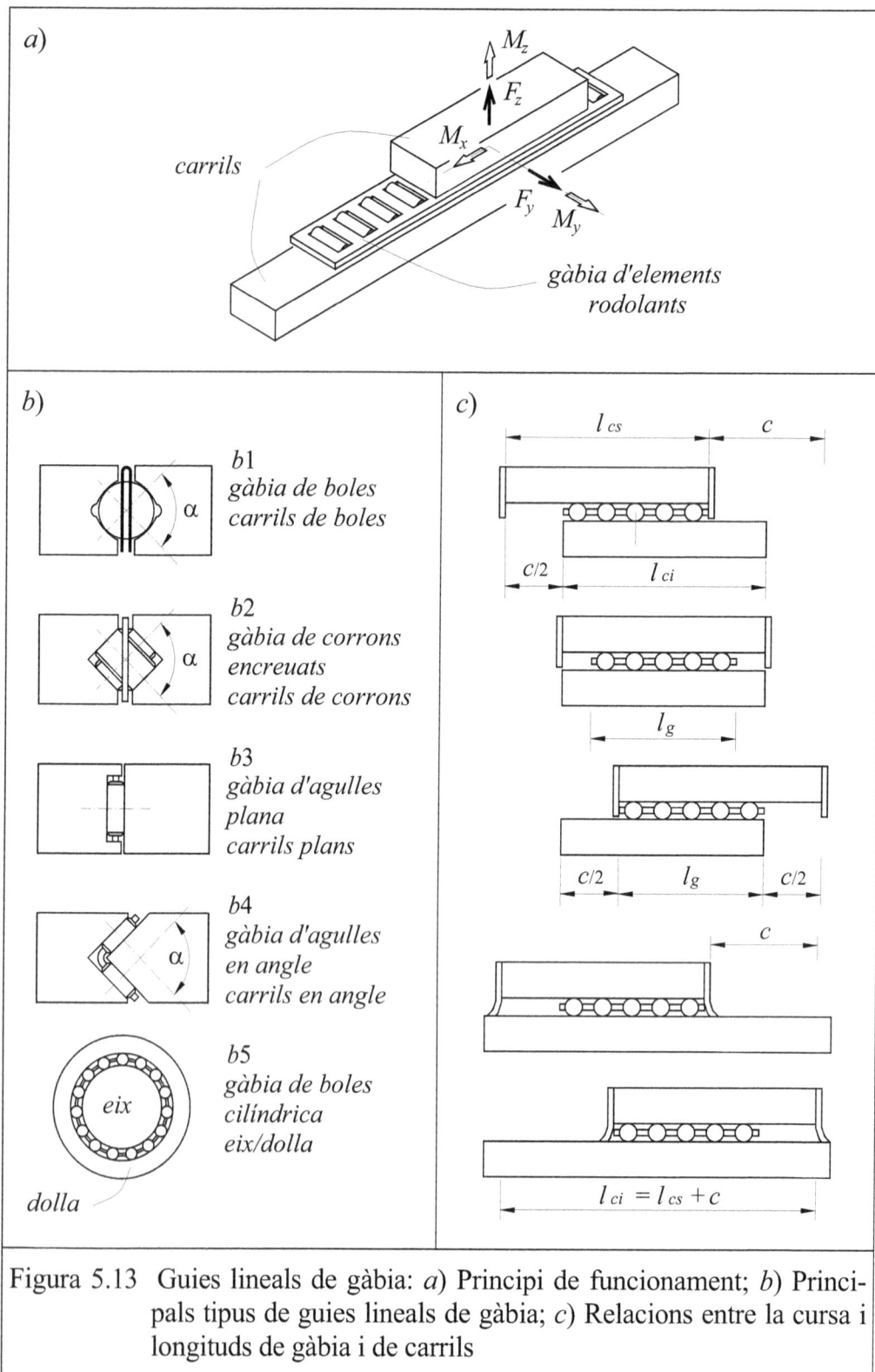

Figura 5.13   Guies lineals de gàbia: *a*) Principi de funcionament; *b*) Princi-
pals tipus de guies lineals de gàbia; *c*) Relacions entre la cursa i
longituds de gàbia i de carrils

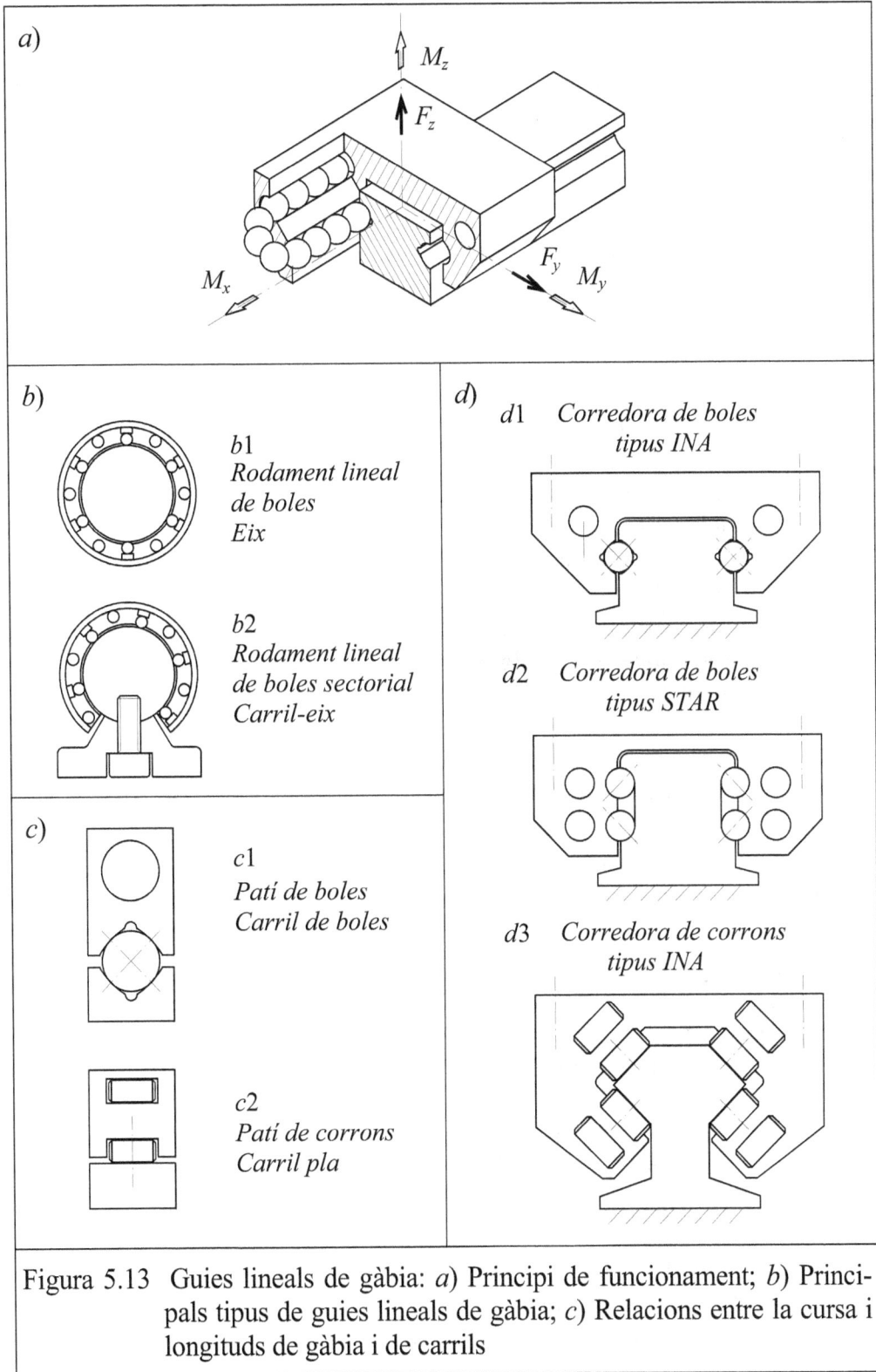

a)

M_z

F_z

M_x

F_y

M_y

b)

*b*1
Rodament lineal
de boles
Eix

*b*2
Rodament lineal
de boles sectorial
Carril-eix

c)

*c*1
Patí de boles
Carril de boles

*c*2
Patí de corrons
Carril pla

d)

*d*1   Corredora de boles
tipus INA

*d*2   Corredora de boles
tipus STAR

*d*3   Corredora de corrons
tipus INA

Figura 5.13   Guies lineals de gàbia: *a*) Principi de funcionament; *b*) Princi-
pals tipus de guies lineals de gàbia; *c*) Relacions entre la cursa i
longituds de gàbia i de carrils

Tipus de guies lineals

S'anomenen guies lineals tots aquells components o conjunts de mercat utilitzats en la materialització del guiatge de translació, entre els quals adquireixen un paper rellevant els basats en el contacte rodolant. Aquests components són de creació més recent que els rodaments i avui dia encara estan consolidant la seva implantació. Hi ha tres tipus bàsics de guies lineals: *a*) les *guies lineals de gàbia* (Figura 5.13), també anomenades de cursa limitada; *b*) les *guies lineals de recirculació* (Figura 5.14); i *c*) les *guies lineals de rodes* (Figura 5.15).

Guies lineals de gàbia (Figura 5.13)

Estan formades per dos carrils entre els quals es mou una gàbia que sosté els elements rodolants (Figura 5.13*a*). Són d'una gran precisió, tenen una gran capacitat de càrrega i rigidesa i una baixa resistència a la fricció, característiques que les fan adequades per a màquines-eines. El seu preu és moderat, però el cost d'implantació és elevat, ja que el seu caràcter obert implica la construcció en la màquina de membres de referència de gran precisió. Presenta, també, els inconvenients d'una cursa limitada i una velocitat baixa.

Els principals tipus són: gàbia de boles (quatre punts de contacte) i carrils de boles (Figura 5.13*b*1); gàbia de corrons encreuats i carrils de corrons (Figura 5.13*b*2); gàbia d'agulles plana i carrils plans (Figura 5.13*b*3); gàbia d'agulles en angle i carrils en angle (Figura 5.13*b*4); i gàbia cilíndrica de boles i dolla/eix (de fet és un guiatge cilíndric, utilitzat en el guiatge de matrius; Figura 5.13*b*5). Les guies lineals de gàbia de boles, de corrons encreuats i d'agulles en angle poden suportar forces dintre de l'angle α, mentre que les guies lineals de gàbia d'agulles plana tan sols suporten càrregues perpendiculars a la guia. La guia lineal de gàbia cilíndrica de boles suporta càrregues dirigides perpendicularment a l'eix del cilindre.

El caràcter limitat de la cursa obliga a alguns càlculs (Figura 5.13*b*). La gàbia de boles es mou a la meitat de velocitat que el carril mòbil; per a mantenir un suport correcte dels elements rodolants cal que les longituds de la gàbia, l_g, dels carrils, l_c, i de la cursa, c, mantinguin la relació següent: $l_c = l_g + c/2$. Si un dels carrils porta dispositius rascadors en els extrems, l'altre carril ha de tenir una longitud major: $l_{ci} = l_g + 3 \cdot c/2$.

Guies lineals de recirculació (Figura 5.14)

Es basen en el principi de recircular les boles quan surten de la zona de contacte entre el patí o corredora i la guia; això és, al final de la zona de contacte els elements rodolants són desviats i retornats a l'origen per uns canals en el mateix patí o corredora (Figura 5.14*a*). Aquest tipus de guies lineals tenen una precisió, una capacitat de càrrega i una rigidesa lleugerament inferiors que les guies lineals de gàbia, i unes velocitats i una fricció lleugerament superiors, però sobretot no presenten limitació en la cursa.

Hi ha dues disposicions diferents de guies lineals de recirculació: *a*) Els patins de boles i corrons, de caràcter obert, les característiques i l'aplicació dels quals és anàloga a la de les guies lineals de gàbia (capacitat de càrrega i rigidesa elevades; preu mitjanament moderat i cost d'implantació elevat), són més voluminosos però no tenen limitació de la cursa; *b*) Rodaments lineals de boles i corredores de boles i de corrons, de construcció tancada, amb un preu més elevat però una implantació més senzilla i econòmica.

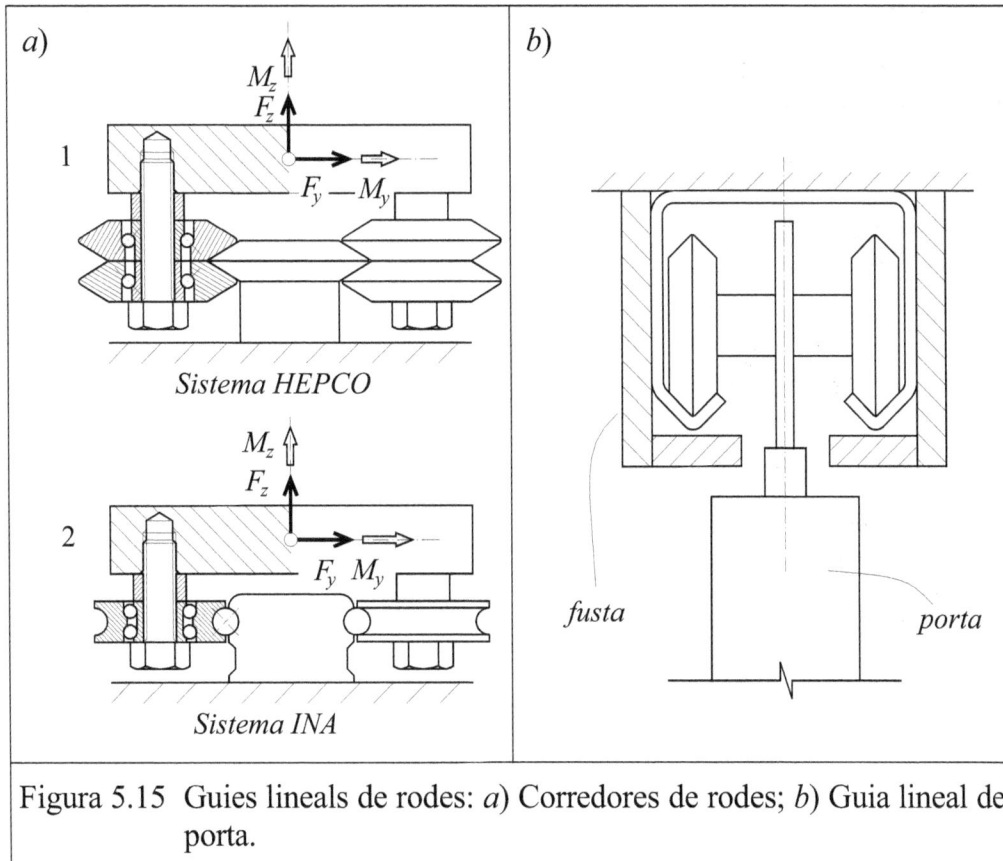

Figura 5.15 Guies lineals de rodes: *a*) Corredores de rodes; *b*) Guia lineal de porta.

Tipus de guia lineal		Preu/Cost	Precisió
de gàbia	Gàbia de boles/ carril de boles 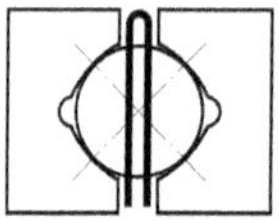		
	Gàbia de corrons encreuats/ carril de corrons	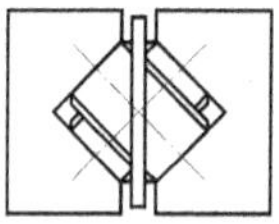	100
	Gàbia d'agulles/ carril pla - carril en angle	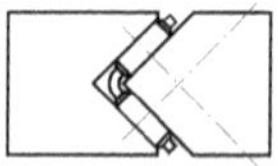	100
de recirculació	Rodaments lineals/ eix - carril-eix 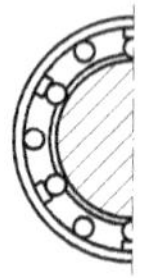		
	Patí de boles/ carril de boles 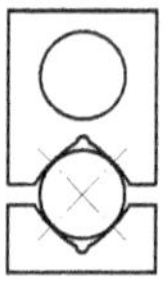		
	Patí de corrons/ carril pla	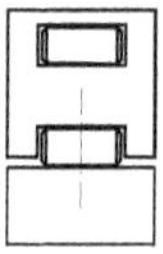 100	100
	Corredora de boles 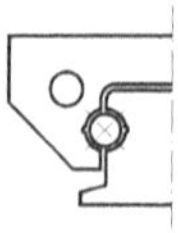		
	Corredora de corrons	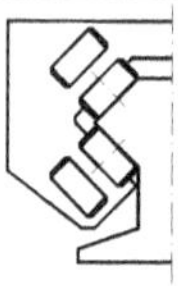 100	
de rodes	Corredora de rodes 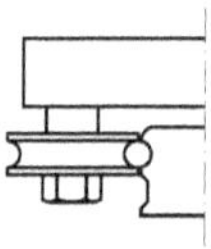		

Figura 5.16 Comparació de característiques de diferents guies lineals

Capacitat de càrrega	Rigidesa	Velocitat	Força de fricció
100	100		
	100		
100			
		100	100

Les guies lineals de recirculació de construcció tancada presenten determinades característiques que és convenient comentar:

Rodaments lineals de boles. Són dolles que sostenen diverses línies de recirculació de boles que s'apliquen sobre un eix que fa de guia. Poden presentar dues disposicions: una circular, guiada per un eix cilíndric suportat pels extrems (Figura 5.14*b*1), i una altra sectorial, guiada per un eix suportat per un carril (carril-eix) (Figura 5.14*b*2), adequada per a desplaçaments molt grans a fi d'evitar la flexió de l'eix. Tan sols suporten càrregues radials i no admeten moments. Són guies lineals compactes, de preu baix, i el seu muntatge, sempre formant combinacions de dos o més elements, és facilitat si tenen adaptabilitat angular.

Corredores de recirculació. Són corredores amb una línia de boles de quatre punts de contacte (Figura 5.14*d*1) o dues línies de boles (Figura 5.14*d*2) o de corrons (Figura 5.14*d*3) que s'apliquen sobre guies específiques amb unes ranures o uns plans de forma adequada. Suporten càrregues relativament importants en les direccions perpendiculars a la guia (F_y i F_z, en la Figura 5.14*a*), així com moments en totes les direccions (M_x, M_y i M_z, en la Figura 5.14*a*), bé que, generalment, de valors moderats. Són guies lineals precises amb una capacitat de càrrega i una rigidesa moderadament alta (més en les de corrons que en les de boles). El seu preu és elevat però el cost d'implantació és baix i tenen una àmplia gamma d'aplicacions, especialment en màquines úniques.

Guies lineals de rodes (Figura. 5.14)

Estan formades per una corredora amb un grup de quatre rodes amb la perifèria perfilada per enllaçar amb un carril-guia (sistema HEPCO, Figura 5.15*a*1; sistema INA, Figura 5.15*a*2), i la cursa també és il·limitada. El mateix principi és l'utilitzat en el guiatge de portes corredores (Figura 5.15*b*) en les quals la posició vertical de la porta és assegurada per la gravetat.

És un sistema robust i de baix manteniment que tolera millor les condicions ambientals que els altres tipus de guia lineal. Suporta càrregues moderades (forces i moments) en totes les direccions i sentits, i admet la velocitat més alta de totes les guies lineals. En el cantó negatiu hi ha una baixa precisió i una fricció relativament elevada. El seu preu és moderat i la implantació en la màquina no és costosa. S'utilitza en aplicacions de baixa precisió que exigeixen un sistema robust i fiable, com la manipulació.

6 Membres de guiatge

6.1 Funcions i solucions constructives

Funcions dels membres de guiatge

Els *membres de guiatge*, juntament amb els enllaços de guiatge, formen l'estructura de guiatge d'una màquina, la qual té per funció absorbir les forces i moments que tendeixen a desviar el moviment de les trajectòries imposades. Les principals funcions dels membres de guiatge són:

a)   Fer de suport dels mecanismes d'una màquina, d'un subconjunt o de la cadena articulada de l'estructura de guiatge d'una màquina.

b)   Absorbir càrregues de la resta de la màquina a través dels enllaços o càrregues que provenen de l'exterior, tant si són constants com variables, sense experimentar desgasts, deformacions plàstiques ni ruptures inadmissibles.

c)   Mantenir les dimensions i no deformar-se elàsticament més enllà d'uns determinats límits, tant si estan sotmesos a càrregues constants com variables.

d)   Protegir els elements mòbils de la màquina de la intrusió d'objectes i d'agents contaminants, i mantenir la lubricació quan és necessari; també, protegir l'entorn dels mecanismes de la màquina.

Alguns membres de guiatge constitueixen la base de la màquina (*membres de suport*) i no tenen moviment (bancada d'una màquina-eina, caixa d'un interruptor) o tenen un moviment de conjunt (carrosseria d'un automòbil).

Altres membres de l'estructura de guiatge són mòbils (roda d'una vagoneta, membres de l'estructura articulada d'un robot industrial), entre els quals n'hi ha que fan funcions alhora de guiatge i de transmissió (caixa de satèl·lits d'un diferencial, tambor d'enrotllament d'una grua).

Solucions constructives

El disseny de materialització d'una màquina acostuma a partir de determinats condicionants funcionals (espai interior necessari de la carrosseria d'un automòbil, diàmetre i longitud operatives d'un torn) o de les seves implicacions en la geometria dels enllaços de guiatge (distància entre eixos d'un reductor, dimensions i cursa del guiatge lineal de la corredora d'una premsa).

Els membres de guiatge han d'adaptar-s'hi, per la qual cosa sovint han de cobrir dimensions relativament grans que, per poc que no es tingui cura, absorbeixen un volum molt important de material, fet que repercuteix negativament en el cost i en el pes.

Els elements de transmissió estan molt estandarditzats i la seva optimització ofereix, en general, poques llibertats. Tanmateix, l'elecció i disposició del sistema de transmissió de la màquina és un dels factors més determinants en el disseny de la seva estructura constructiva i, en especial, en la forma i dimensions dels membres de suport. El disseny dels membres de guiatge ofereix un nombre de llibertats molt més ampli que el dels membres de transmissió i és on, sovint, una determinada solució d'una màquina adquireix avantatge sobre una altra.

Recomanacions de disseny

No és fàcil de donar recomanacions per al disseny dels membres de guiatge, donada la diversitat de tipus i funcions, i l'ampli ventall de possibilitats d'elecció de formes constructives i materials; tanmateix, se suggereixen les orientacions de caràcter general següents:

a)   Cal evitar la utilització de material no necessari, ja que repercuteix negativament en el cost i en el pes. I viceversa, si el pes no és determinant, cal evitar la mecanització per eliminar pes.

b)   És bo de col·locar el material, en la mesura que sigui possible, seguint el camí més curt entre els punts on hi ha aplicades les principals forces (enllaços i accions exteriors (Fig. 6.1; comentada més endavant en aquesta mateixa secció).

c)   És recomanable adoptar una combinació de formes simples (planes, de revolució) que facilitin la conformació. Les làmines planes tenen poca consistència i han de ser reforçades amb nervis o embotiments.

d)   Les formes tancades sempre són més rígides que les formes obertes, aspecte especialment rellevant en peces sotmeses a torsió (figures 6.3 i 6.6, comentades en les seccions 6.2 i 6.3, respectivament).

e)   És convenient de dissenyar els membre de guiatge de manera que guardin el nombre més gran possible de simetries respecte a les forces que els són aplicades.

Sistemes de conformació

Els dos principals sistemes de conformació de les peces i conjunts que constitueixen els membres de guiatge són la *fosa* i la *soldadura*.

Conformació per fosa. Els materials i processos més utilitzats són:

A) Materials derivats del ferro, relativament barats, però molt densos: *A*1) *Fosa grisa*, barata i de fàcil conformació, encara que poc resistent i fràgil; *A*2) *Fosa nodular*, més resistent i menys fràgil que la fosa grisa, però també amb menys llibertat de conformació (gruixos i formes); *A*3) *Acer fos* o *acer inoxidable fos*, cars i de conformació difícil, per a aplicacions on es busca una gran duresa, una gran resiliència, la resistència a la corrosió o a altes temperatures.

B) Aliatges d'alumini, més cars que els materials fèrrics, però tres vegades menys densos: *B*1) *Alumini fos amb motlle de terra*: barat, acabats poc precisos i gruixos grans; *B*2) *Alumini fos en conquilla*: acabats molt més precisos, gruixos menors, utillatge relativament car (sèries mitjanes); *B*3) *Alumini injectat*: acabats de gran precisió (en determinats casos es pot evitar la mecanització), utillatge i maquinària extraordinàriament cars (sèries molt elevades).

C) Injecció de plàstic, en membres de guiatge no sotmesos a grans esforços. Utillatge car i procés barat, adequat per a grans sèries.

Conformació per soldadura. Unió de peces de xapa (tallades amb forma, doblegades o embotides) i de perfils (tallats, eventualment corbats). Els materials més utilitzats són:

D) Materials derivats del ferro, barats, però de densitat elevada, tot i que la conformació per soldadura permet jugar amb les formes i estalviar material gràcies a gruixos petits: *D1*) *Acers per a estructures*: soldables, molt barats, fàcils de conformar; *D2*) *Acers inoxidables*: entre tres i quatre vegades més cars; se'n fa un ús extensiu en diverses indústries (alimentària, bugaderia, etc.).

E) Aliatges d'alumini. La soldadura de l'alumini demana majors precaucions que la de l'acer, però avui dia és una tecnologia ben coneguda i implantada.

Alguns dels altres procediments menys freqüents de conformació dels membres de guiatge són:

Conformació per mecanització. Es buida o s'esculpeix un bloc d'acer, d'alumini (també de plàstic), i presenta l'interès de partir de materials de laminació, de major qualitat que els de fosa. Procés car pel volum inicial de material necessari i per l'elevat nombre d'hores màquina, però pot ser adequat per a petites sèries. Les peces resulten, en general, pesades per la dificultat d'obtenir gruixos petits.

Conformació per extrusió. Obtenció de perfils d'alumini o plàstic amb seccions tancades, molt rígides a torsió (Fig. 6.2b).

Estudi d'alternativa constructiva

A continuació s'estudia una alternativa constructiva per a una eòlica domèstica (diàmetre de pales de 3 m; velocitat del rotor, aproximadament 800 min^{-1}; multiplicació entre rotor i generador de *i*=1/3,75, transmissió que pot ser realitzada per mitjà d'una sola etapa de corretja).

Una primera solució per al membre de guiatge que uneix l'articulació de revolució *A-A'* que permet l'orientació i l'articulació de revolució de l'eix del rotor B-B' podria ser la d'una caixa que situa el generador entre els dos eixos esmentats (Fig. 6.1a). Aquesta solució obliga a distanciar els principals punts d'aplicació d'esforços (els allotjaments dels quatre rodaments), i no permet materialitzar els camins més curts que els uneixen (existència del generador), a més de donar lloc a una construcció voluminosa i pesada.

Una reconsideració d'aquesta disposició constructiva fa veure que no hi ha cap inconvenient a situar el generador damunt de l'eix del rotor. D'aquesta manera s'aconsegueix una important aproximació dels quatre punts sotmesos a esforços importants (articulacions de revolució A-A' i B-B', i la possibilitat de materialitzar les línies que els uneixen. El resultat és una peça molt més compacta i menys pesada, alhora que més rígida i resistent. Com a efectes secundaris hi ha el fet d'un manteniment més fàcil i de l'existència d'una sola tapa en lloc de dues.

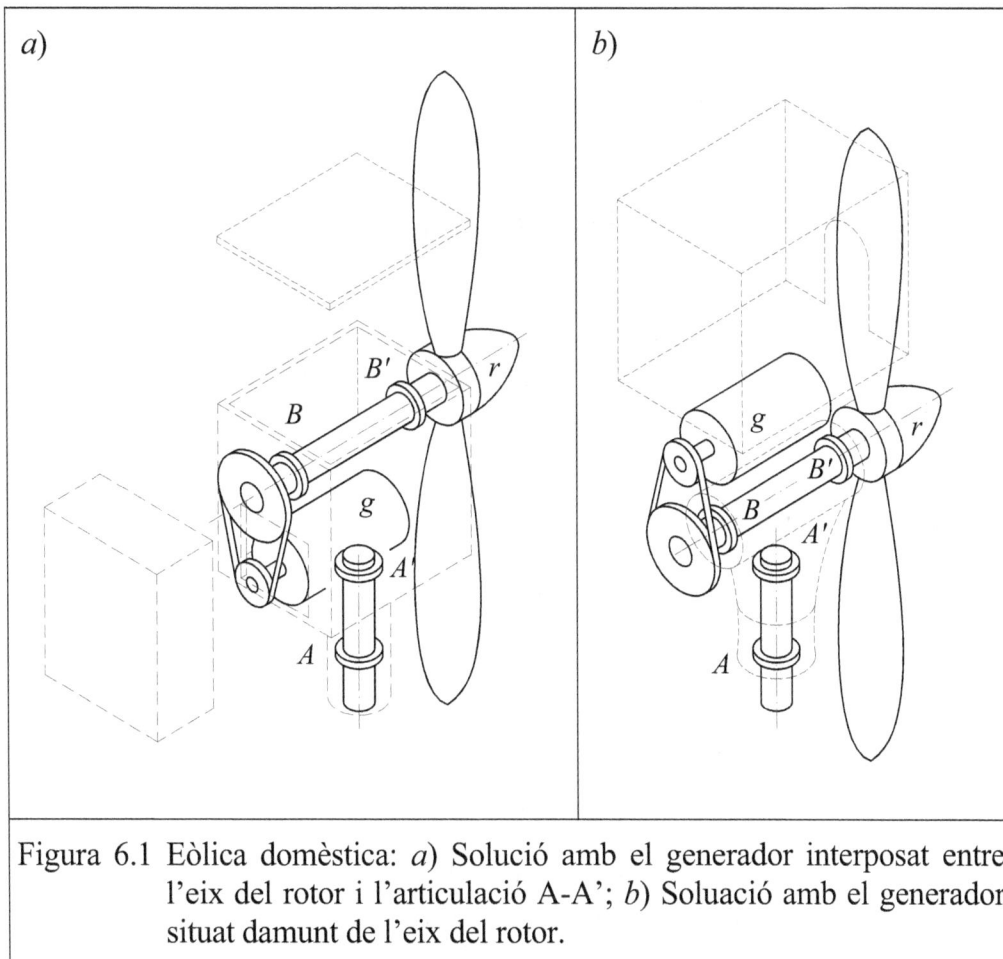

Figura 6.1 Eòlica domèstica: *a*) Solució amb el generador interposat entre l'eix del rotor i l'articulació A-A'; *b*) Soluació amb el generador situat damunt de l'eix del rotor.

6.2 Bancades. Rigidesa

Una bancada és un membre de guiatge d'una màquina, generalment fix, suport d'altres elements mòbils, format per una o més peces unides rígidament entre elles, que té com a principal objectiu obtenir una rigidesa important, cosa que, generalment, també assegura la resistència. En el disseny d'aquests membres de guiatge cal establir un compromís entre la rigidesa/cost (màquina-eina) i, en alguns casos, entre la rigidesa/pes (robots industrials).

La figura 6.2 mostra dos exemples amb membres de guiatge de tipus bancada, cada un format per una base i una taula mòbil, on apareixen també el sistema de guiatge lineal entre aquests dos membres. En el primer exemple (Fig. 6.2a), que correspon a una bancada de màquina-eina, aquests membres són d'acer i els gruixos són molt importants; en el segon cas (Fig. 6.2b), que correspon a una serradora, els membres són d'alumini extruït que permet la conformació de cavitats tancades que, com es veu més endavant, proporcionen una gran rigidesa relativa a la torsió.

Rigidesa estàtica i rigidesa dinàmica

La característica més destacada de les bancades és la rigidesa, o sigui la relació entre la càrrega aplicada i la deformació experimentada. Cal distingir, però, entre la *rigidesa estàtica*, fruit de l'aplicació de càrregues constants, i la *rigidesa dinàmica*, conseqüència del fimbrament quan s'apliquen càrregues variables.

Rigidesa estàtica

Resistència dels membres de les màquines a ser deformats quan són sotmesos a càrregues constants o de variació lenta, i es defineix a partir de la característica elàstica, o relació entre la força aplicada i la deformació experimentada, que pot ser lineal o no lineal. En moltes bancades la característica elàstica no és lineal, a causa d'un mòdul d'elasticitat del material no constant (per exemple, la fosa grisa) o d'una geometria que modifica sensiblement l'equilibri de forces amb les deformacions. En el cas no lineal, la rigidesa es defineix com l'increment de força necessària per aconseguir un increment unitari de deformació i és influïda per la precàrrega.

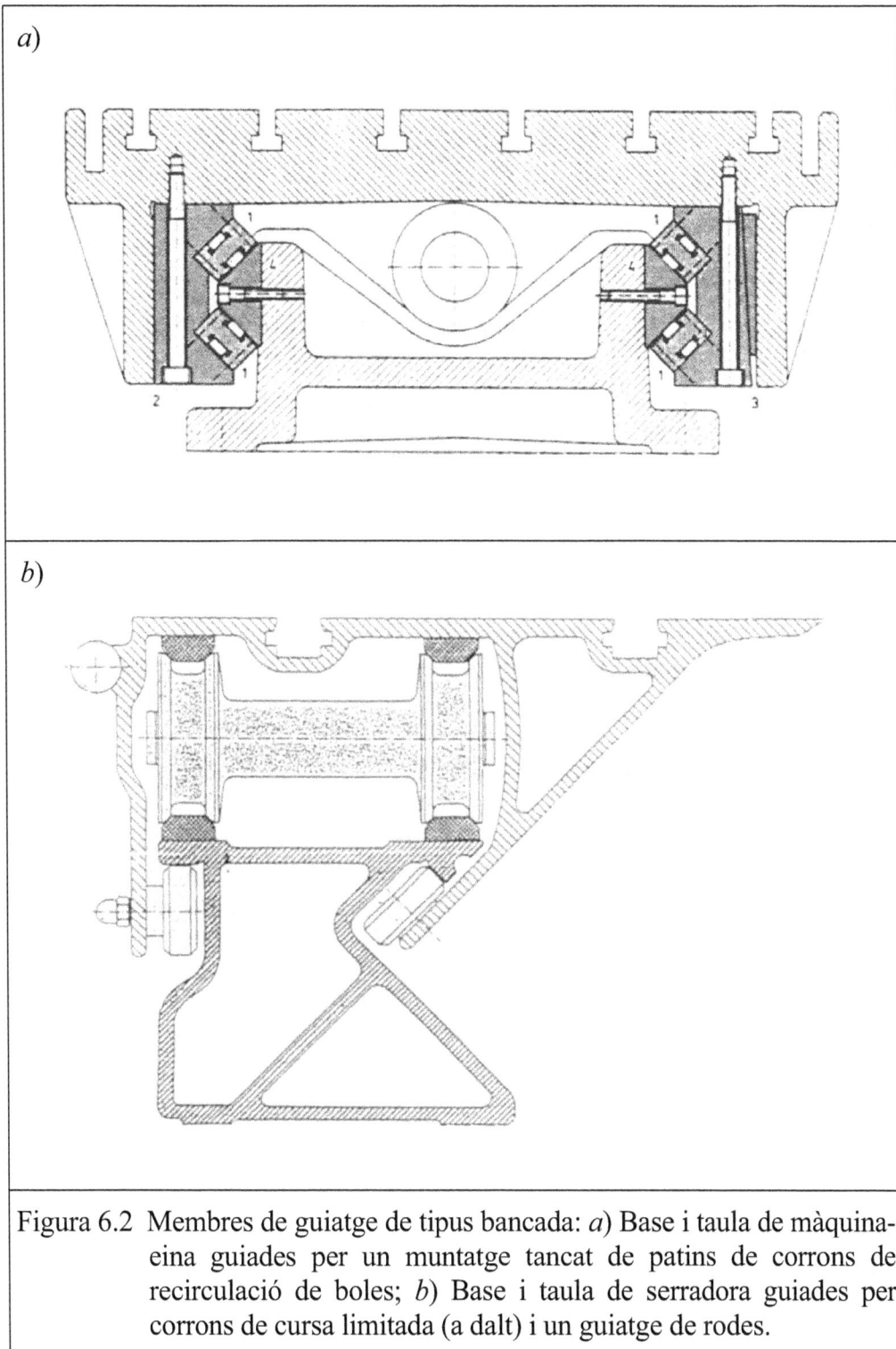

a)

b)

Figura 6.2 Membres de guiatge de tipus bancada: *a*) Base i taula de màquina-eina guiades per un muntatge tancat de patins de corrons de recirculació de boles; *b*) Base i taula de serradora guiades per corrons de cursa limitada (a dalt) i un guiatge de rodes.

Rigidesa dinàmica

La rigidesa dinàmica es caracteritza per la inversa de l'amplitud de vibració quan el sistema és sotmès a una força repetitiva, valor que depèn fonamentalment de la proximitat entre la *freqüència d'excitació*, f, i la *freqüència dels modes propis* de vibració de la bancada, f_i, així com de la capacitat d'amortiment de l'estructura. Les freqüències dels modes propis són proporcionals al factor $(E/\gamma)^{1/2}$ (E, mòdul d'elasticitat, relacionat amb la rigidesa estàtica, K; γ, densitat del material, relacionat amb la massa, m). El *mòdul d'elasticitat* té, doncs, un paper favorable en la rigidesa dinàmica de les màquines, mentre que la *densitat* té una influència desfavorable.

Les bancades construïdes de fosa grisa presenten un bon amortiment (gràcies al material), però una rigidesa dinàmica baixa (a causa del baix mòdul d'elasticitat del material i de la massa elevada deguda als gruixos importants); mentre que les bancades de construcció soldada presenten una rigidesa dinàmica elevada (a causa del mòdul d'elasticitat del material més elevat i la massa més moderada deguda a gruixos relativament reduïts) i la disminució de l'amortiment del material és compensada per l'allunyament del perill de ressonància i pel fet que la major part de la dissipació es produeix en les unions i juntes on hi ha fricció.

Rigidesa a flexió i rigidesa a torsió

La rigidesa estàtica és un dels aspectes més determinants de les peces que conformen una bancada. Una de les solucions més freqüents avui dia per a una bancada és la construcció soldada, i la forma més habitual és la paral·lelipèdica en forma de caixa. Aquesta disposició pot resultar insatisfactòria, especialment si és sotmesa a torsió.

La figura 6.3 presenta una estructura en forma de caixa en la qual s'ha estudiat l'efecte sobre la rigidesa estàtica a flexió i a torsió de diferents tipus de reforç, entre els quals s'ha considerat soldar tapes en els seus extrems. De l'anàlisi dels resultats obtinguts per mitjà del mètode dels elements finits, s'observa que la rigidesa a flexió no experimenta grans modificacions amb els diferents tipus de reforç, sempre lleugerament superior amb tapa que sense (influència poc determinant). En canvi, la rigidesa a torsió pot experimentar grans modificacions entre unes solucions i altres, i el factor determinant és el bloqueig de les deformacions angulars de la secció (per mitjà de les tapes o de reforços en diagonal).

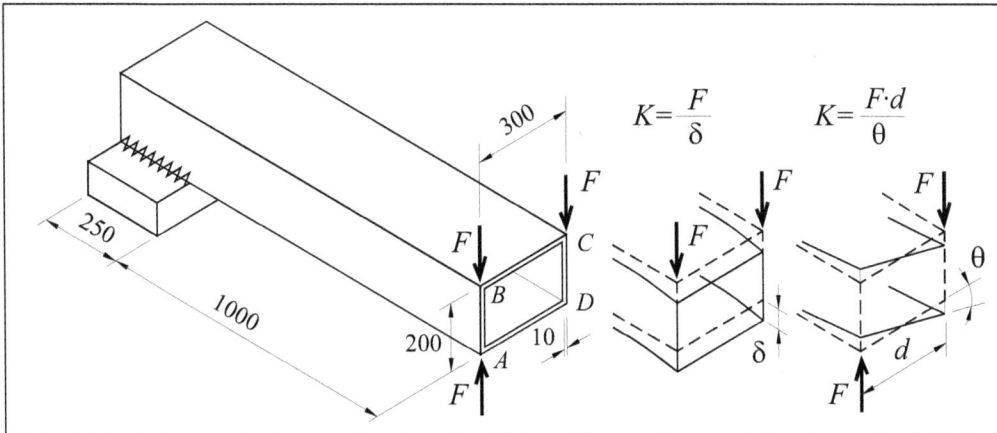

		rigidesa a flexió		rigidesa a torsió	
		sense tapes	amb tapes	sense tapes	amb tapes
1		94	100	9	100
2		121	121	16	121
3		95	101	15	120
4		122	132	28	123
5		109	118	81	113
6		109	118	90	114
7		128	141	99	118
8		106	124	15	92
9		106	126	29	130
10		96	104	17	105
11		93	101	11	101
12		70	104	4	6
13		56	58	3	3

Figura 6.3   Comparació de la rigidesa a flexió i a torsió d'una estructura soldada en forma de caixa amb diversos tipus de reforç interior

6.3 Bastidors. Resistència

Un bastidor és un membre de guiatge d'una màquina, mòbil o fix, format per una o més peces rígidament unides entre elles que ha estat dissenyat tenint en compte que resisteixi adequadament els esforços (constants o variables, interns o superficials) als quals està sotmès, sense que la seva rigidesa sigui un factor crític. En el disseny d'aquests membres de guiatge cal establir, de forma general, un compromís entre la resistència/cost (grues, maquinària de construcció) i, en el cas dels vehicles, també entre la resistència/pes.

Els membres de guiatge de tipus bastidor que fan de base o *membre de suport* dels vehicles reben diversos noms específics: *xassís* d'un camió, *carrosseria* (generalment autoportant) d'un automòbil (Fig. 6.4), *quadre* d'una bicicleta o motocicleta, *fusellatge* d'un avió, *buc* d'un vaixell.

També hi ha altres nombrosos membres de guiatge de tipus bastidor (disse-nyats fonamentalment per a la resistència i no per a la rigidesa) en els vehicles i en les màquines. Per citar només alguns exemples: suport del rotor d'una eòlica (Fig. 6.1), envolvent d'una rentadora, braç d'una grua, suport de roda i roda d'un automòbil (Fig. 6.5a), d'un carretó (Fig. 6.5b).

Els membres de guiatge de tipus bastidor no ofereixen, en general, una base prou rígida que serveixi de suport per als mecanismes de transmissió. Per implantar una transmissió sobre un bastidor cal, doncs, crear certes unitats rígides (les *carcasses*, Sec. 6.4) per situar-hi les transmissions, i establir transmissions flexibles (arbres amb juntes de Cardan, sistemes d'acoblament que permetin desalineacions, etc.) entre aquestes unitats.

Resistència estàtica i resistència a la fatiga

Tot i que també és desitjable que els membres de guiatge de tipus bastidor tinguin una bona rigidesa, és tolerable una deformació relativament molt més important que en els membres de guiatge de tipus bancada. La principal limitació d'aquest tipus de membres de guiatge és, doncs, la seva resistència. Cal distingir el càlcul de la resistència a càrregues constants (resistència estàtica) de la resistència a càrregues variables (resistència dinàmica o resistència a la fatiga).

La ruptura per fatiga és un dels tipus de deteriorament més catastròfic en les màquines, especialment si es dóna en membres de guiatge que suporten altres parts de la màquina. Per tant, és recomanable que, a més de fer una estimació de les tensions (mètode dels elements finits), també es realitzi un assaig de vida d'aquests membres abans de la fabricació en sèrie.

a)

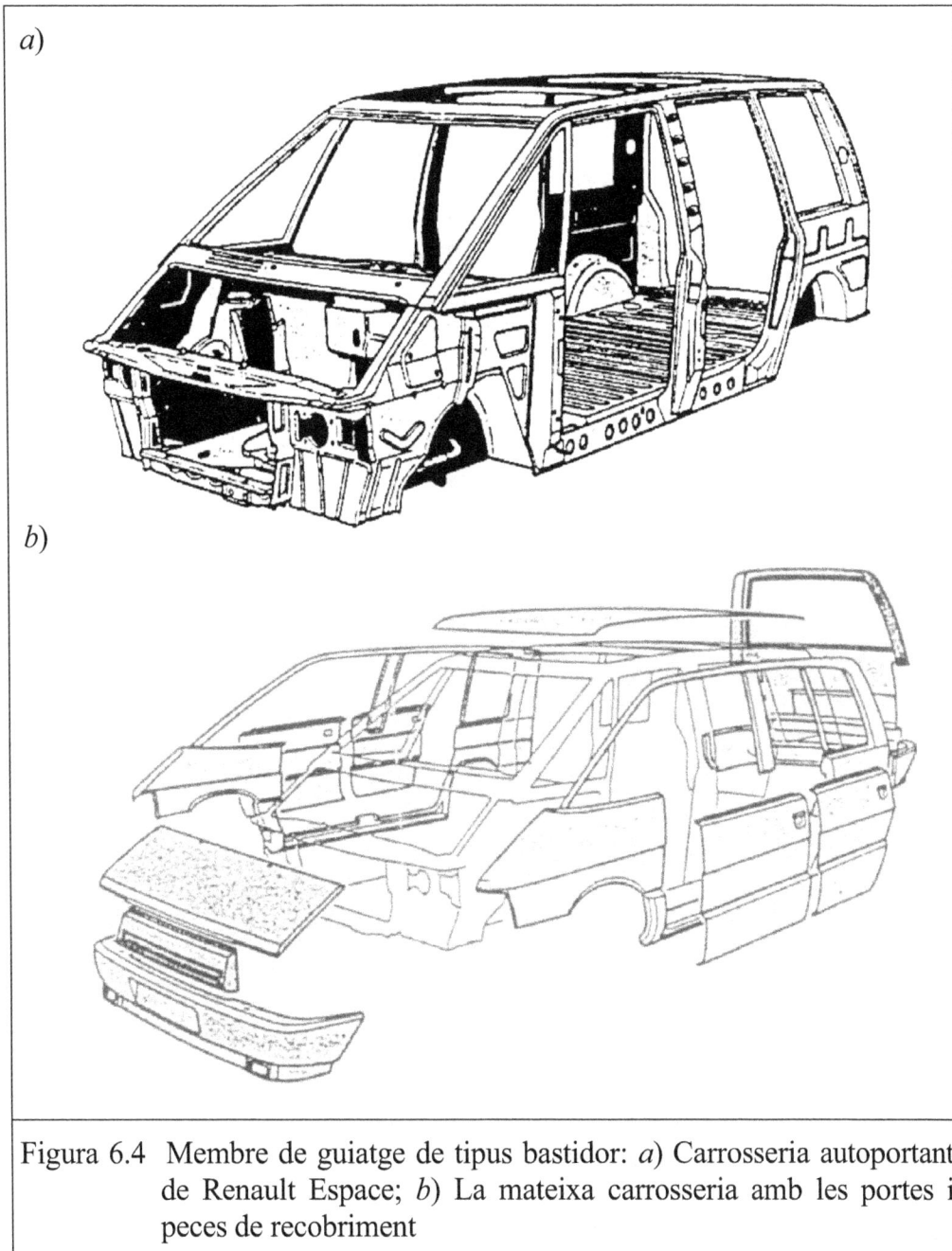

b)

Figura 6.4   Membre de guiatge de tipus bastidor: *a*) Carrosseria autoportant de Renault Espace; *b*) La mateixa carrosseria amb les portes i peces de recobriment

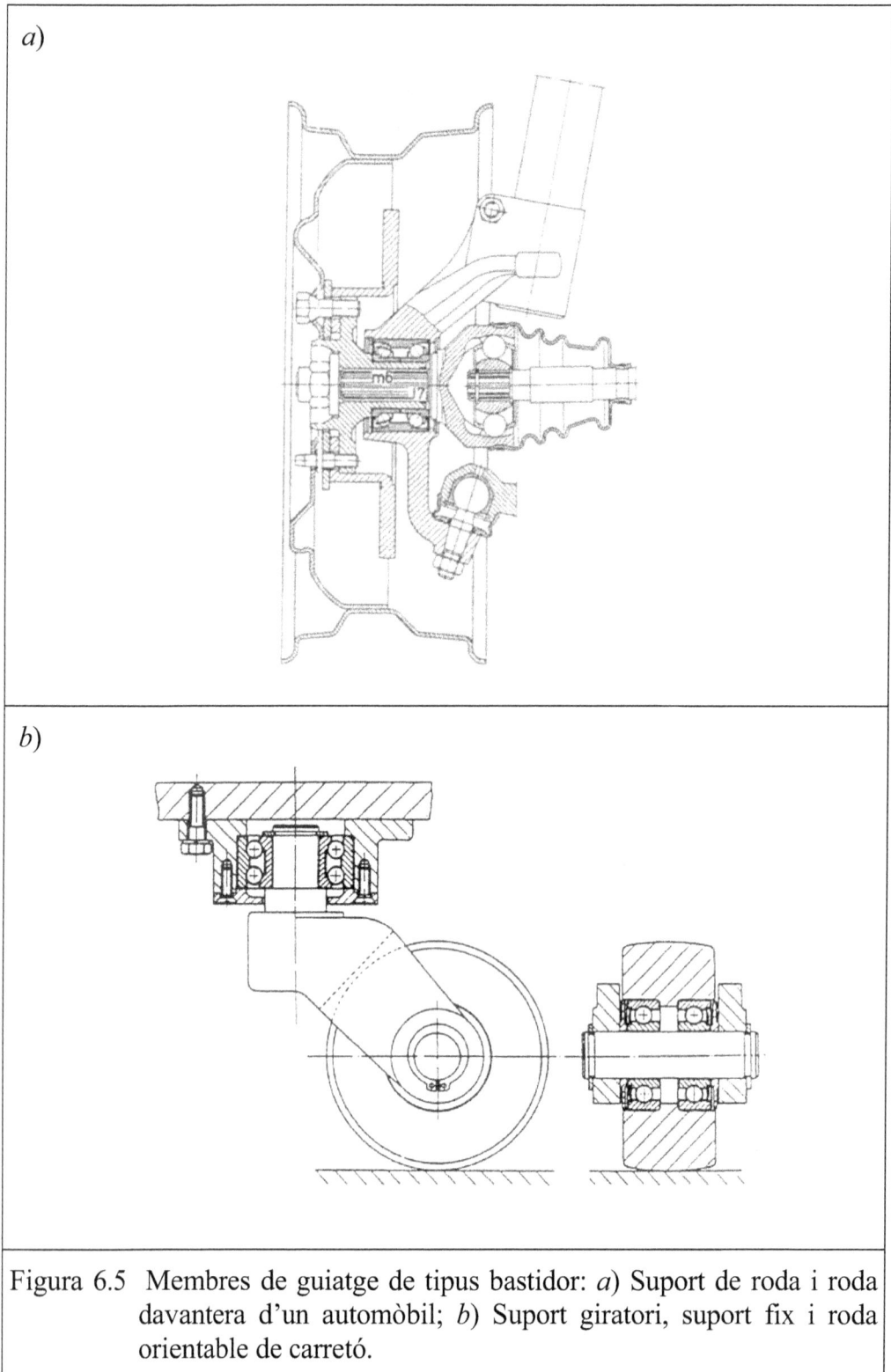

a)

b)

Figura 6.5 Membres de guiatge de tipus bastidor: *a)* Suport de roda i roda davantera d'un automòbil; *b)* Suport giratori, suport fix i roda orientable de carretó.

Construcció lleugera

Una preocupació constant en el disseny de molts dels membres de guiatge de tipus bastidor és l'obtenció d'una construcció suficientment resistent amb el mínim pes possible, també anomenada *construcció lleugera*. Aquest objectiu és molt important en vehicles (en la construcció d'avions arriba fins a l'obsessió), però també és d'interès en altres tipus de maquinària com són els aparells d'elevació (grues, ascensors) o la maquinària d'obres públiques i d'agricultura.

L'obtenció d'una construcció lleugera es pot abordar des de dos punts de vista complementaris: a partir de l'optimització del material, i a partir de l'optimització de les formes i dimensions.

Optimització del material. Magnituds característiques

Es pot seleccionar el material més convenient a partir de l'establiment d'uns paràmetres en funció de determinades característiques dels materials (*magnituds característiques*), la comparació dels quals és significativa des d'un determinat punt de vista d'una aplicació.

A continuació s'il·lustren els conceptes anteriors amb la comparació, tot considerant el pes constant, de la resistència a la tracció (de magnitud característica $MC_{TP}=R_e/\gamma$) i la resistència a la flexió (de magnitud característica $MC_{FP}=R_e^{2/3}/\gamma$) entre l'aliatge d'alumini AA-2017 i l'acer aliat UNE F-1270 (Taula 1).

Taula 1

Material	Alumini-2017	Acer UNE F-1270
Límit elàstic $\quad R_e$ (MPa) Densitat $\qquad \gamma$ (kg/m³)	280 2700	930 7800
Resistència a tracció a pes constant $MC_{TP} = R_e/\gamma$	$MC_{TP} = 0{,}1037$ (100)	$MC_{TP} = 0{,}1192$ (115)
Resistència a flexió a pes constant $MC_{FP} = R_e^{2/3}/\gamma$	$MC_{FP} = 0{,}0159$ (100)	$MC_{FP} = 0{,}0122$ (77)

Els valors de la taula 1 mostren que l'acer resulta que és un material més apte per al treball a tracció (resistència per unitat de pes de 115 quan l'alumini és de 100), mentre que l'alumini resulta que és més apte per al treball a flexió (resistència per unitat de pes de 100 quan la de l'acer és de 77). Aquesta és la solució adoptada per a l'estructura dels avions ultralleugers, en què les barres sotmeses a flexió (o vinclament) són d'alumini i els cables a tracció són d'acer.

Optimització de les formes. Estudi de perfils

L'altre procediment per aconseguir una construcció lleugera és l'optimització de les formes i dimensions de les peces que conformen els membres de guiatge de tipus bastidor.

Existeixen una gran varietat de formes i dimensions d'elements utilitzats en la construcció de membres de guiatge de tipus bastidor i, per tant, es fa difícil d'establir orientacions generals. Tanmateix, existeixen determinades barres i perfils d'ús molt freqüent en la construcció de membres de guiatge de tipus bastidor i que són, fonamentalment, les següents: *a*) barra rodona; *b*) barra quadrada; *c*) barra rectangular; *d*) tubs rodons; *e*) tubs quadrats; *f*) tubs rectangulars; *g*) bigues en doble T; *h*) perfils en U.

La figura 6.6 mostra comparativament les rigideses i resistències a flexió i a torsió per als perfils anteriorment esmentats, de forma que l'àrea de la secció de tots és la mateixa. S'ha pres com a referència comuna per a la resta de valors els que corresponen a la barra rodona de diàmetre d_0. Per a cada geometria s'han establert diferents relacions entre la dimensió principal, d o b, i el gruix, g. Els valors de la relació d/g, o b/g, que duen asterisc corresponen a seccions massisses (sense cavitat interior). Per al càlcul de la rigidesa i la resistència de perfils de gruix relativament petit, s'ha utilitzat el mètode proposat en les referències bibliogràfiques [Niemann-86] i [Feodosiev-72].

Els valors proporcionats per la figura 6.6 condueixen a les observacions següents: 1) Els perfils en doble T i en U són els més optimitzats quant a la rigidesa i resistència a la flexió, però els tubs rodons, quadrats o rectangulars també ofereixen una solució satisfactòria; 2) La rigidesa i resistència a la torsió és suportada amb relativa eficàcia per totes les seccions tancades, essent la millor de totes la tubular, però l'eficàcia de les seccions obertes és quasi bé nul·la.

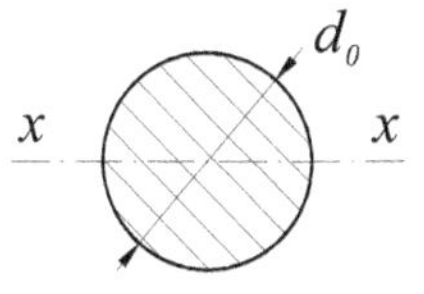	d/g b/g	d/d_0 b/d_0	flexió		torsió	
			I_{fx}/I_{fx0}	W_{fx}/W_{fx0}	I_t/I_{t0}	W_t/W_{t0}
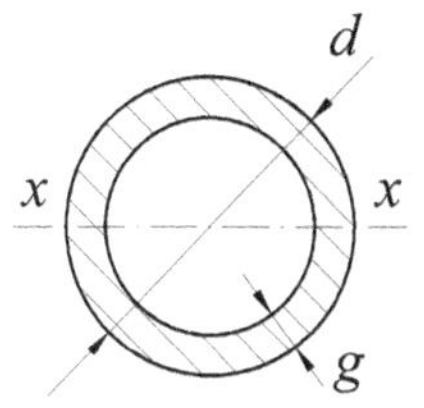	2*	100	100	100	100	100
	4	115	166	144	166	144
	8	151	357	236	357	236
	16	207	753	365	753	365
	32	287	1552	540	1552	540
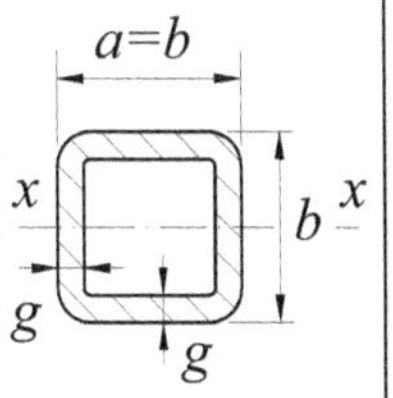 $b/a = 1$	2*	89	105	118	88	74
	4	102	175	171	117	153
	8	134	374	279	275	234
	16	183	789	431	589	343
	32	255	1625	638	1217	493
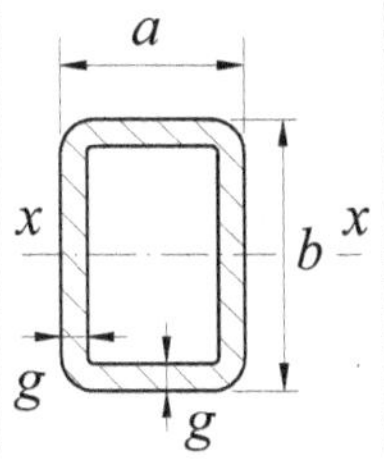 $b/a = 2$	2*	125	209	167	72	62
	4*	125	209	167	72	62
	8	159	423	267	139	166
	16	214	882	413	325	255
	32	296	1801	612	698	374
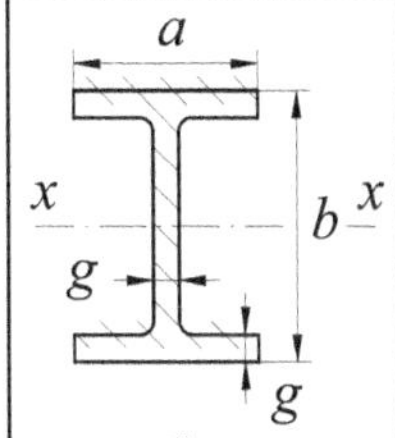 $b/a = 1$	4	112	243	217	23	41
	8	151	559	370	10	26
	16	209	1206	577	5	18
	32	292	2507	857	2	12
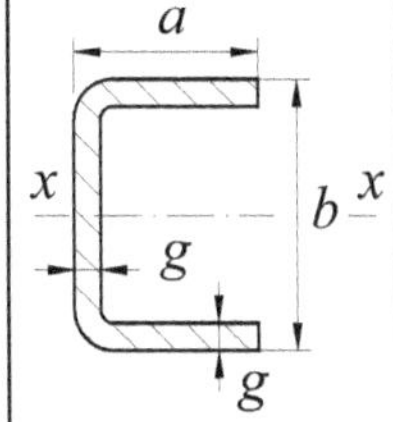 $b/a = 2$	4	145	349	241	41	56
	8	189	748	395	16	34
	16	259	1578	609	7	22
	32	360	3250	902	4	15

Figura 6.6 Comaració de moments resistents i moments d'inèrcia de diferents perfils amb seccions de la mateixa àrea (*, seccions massisses)

6.4 Carcasses. Partició i muntatge

Una carcassa és un membre de guiatge d'una màquina, de forma tancada, (format quasi sempre per dues o més peces que s'uneixen rígidament entre elles), generalment fix, suport d'altres elements mòbils (molt sovint transmissions), que té com a principals característiques la rigidesa i mantenir tancat un espai per protegir determinats membres mòbils de la màquina de la intrusió d'objectes i d'agents contaminants i mantenir la lubricació quan és necessari. També reben el nom de *caixa* i de *càrter*.

Són membres de suport anàlegs a les bancades en l'aspecte de la rigidesa, però que creen un espai tancat en el seu interior, on se situen diferents mecanismes. Això obliga a la seva formació a partir de diferents parts i a consideracions especials sobre els plans de partició i el muntatge.

Partició i muntatge

Les carcasses, fora de casos especials en què el muntatge es pot fer a través de les cavitats dels rodaments, han de ser concebudes en dues o més parts per a possibilitar la seva fabricació i el muntatge i desmuntatge dels mecanismes que contenen. A continuació es descriuen els principals tipus de muntatge i les seves característiques:

a)   *Muntatge axial* (Fig. 6.7a i 6.8). Les peces del conjunt s'acoblen i uneixen en sentit axial, i el pla o plans de partició són perpendiculars a l'eix. És el sistema de muntatge més freqüent i presenta nombrosos avantatges de precisió i constructius.

b)   *Muntatge radial* (Fig. 6.7b i 6.9a). Les peces del conjunt s'acoblen i uneixen en sentit radial o transversal, i el pla o plans de partició contenen un o més dels eixos del conjunt. Disposició que facilita el muntatge i el desmuntatge.

c)   *Muntatge mixt* (Fig. 6.7c i 6.9b). Les peces s'acoblen i uneixen seguint, en part, direccions axials i, en part, direccions radials; els plans de partició (com a mínim dos) són un de perpendicular a l'eix o eixos i un altre que conté un o més eixos.

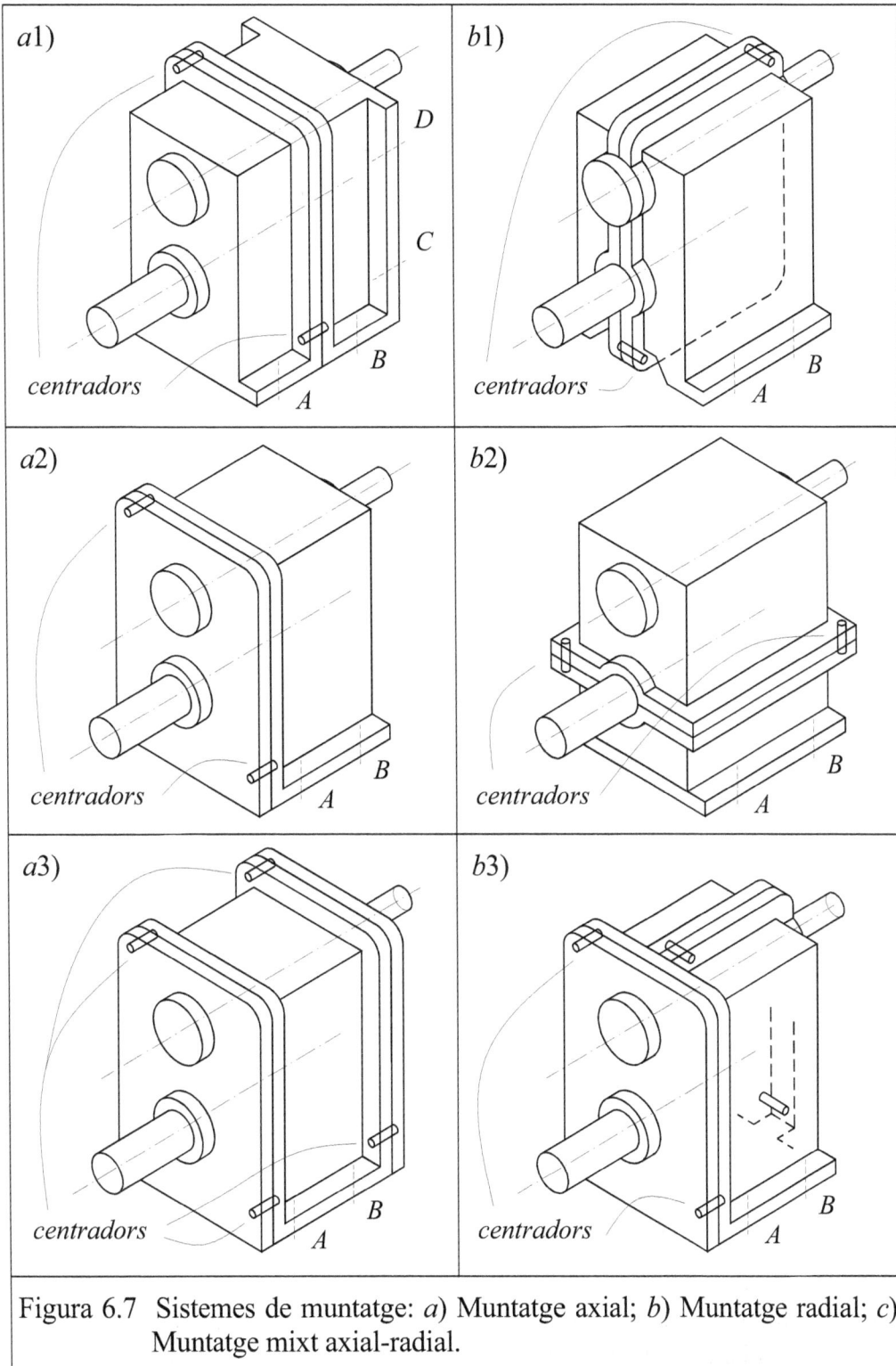

Figura 6.7   Sistemes de muntatge: *a*) Muntatge axial; *b*) Muntatge radial; *c*)
Muntatge mixt axial-radial.

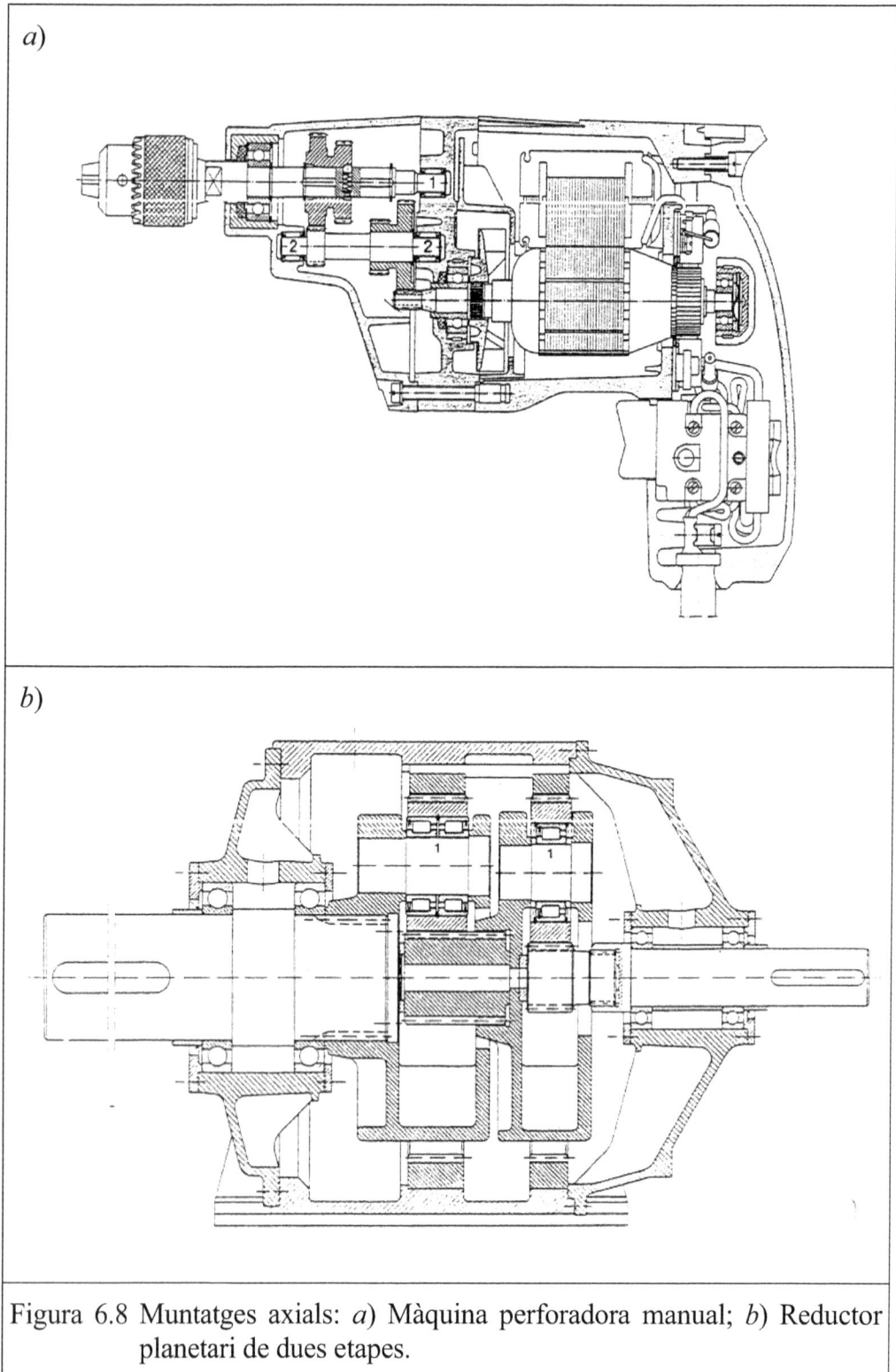

a)

b)

Figura 6.8 Muntatges axials: *a*) Màquina perforadora manual; *b*) Reductor planetari de dues etapes.

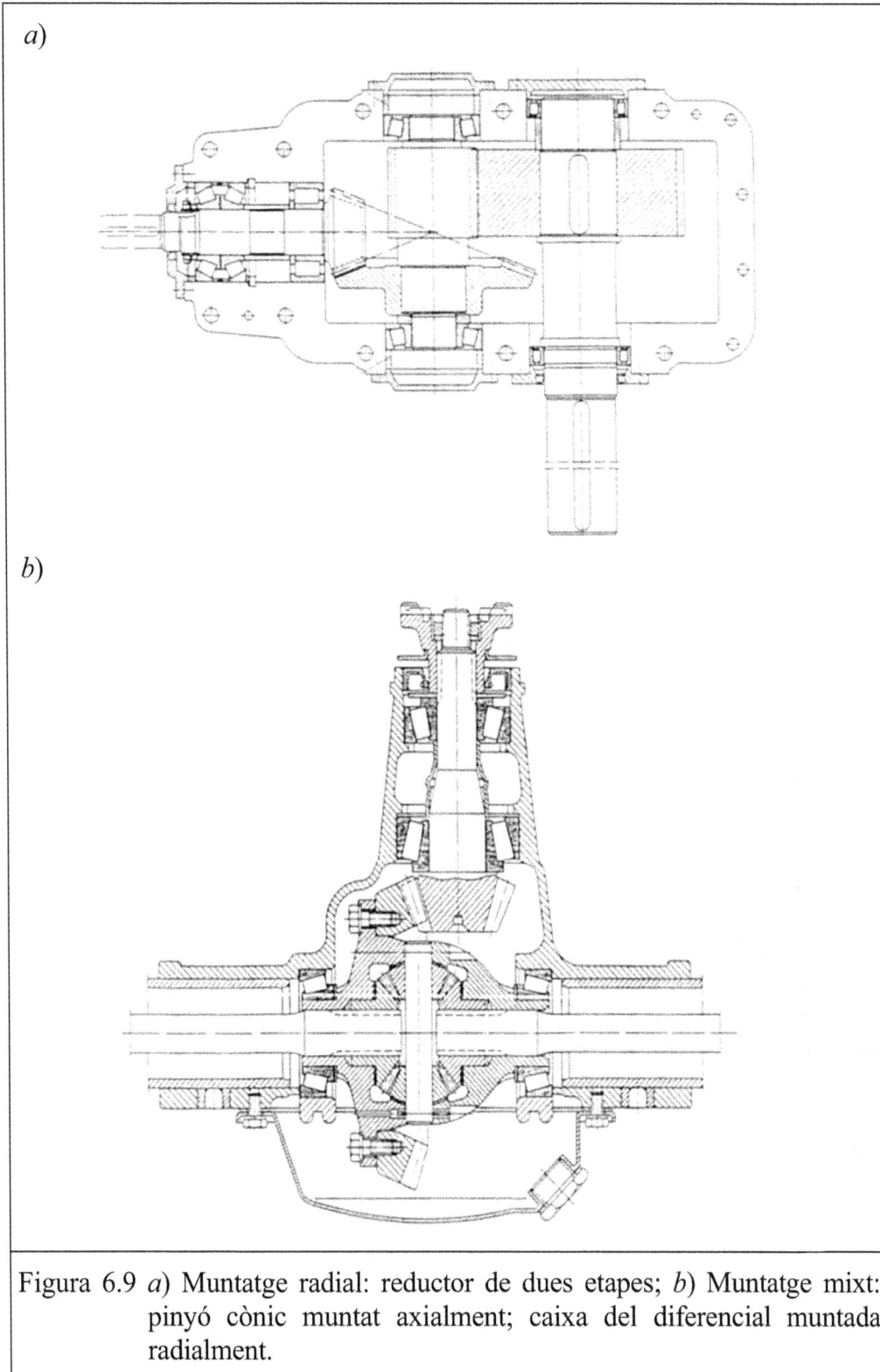

a)

b)

Figura 6.9 *a*) Muntatge radial: reductor de dues etapes; *b*) Muntatge mixt:
pinyó cònic muntat axialment; caixa del diferencial muntada
radialment.

Avantatges i inconvenients

El *muntatge axial* és complicat, dificulta la regulació dels jocs axials, i les reparacions són cares i entretingudes. Per contra, facilita la fabricació de les peces, i proporciona una rigidesa més gran del conjunt ja que no trenca les formes circulars; per tant, la construcció pot ser més lleugera.

El *muntatge radial* facilita el muntatge i les regulacions són senzilles i barates. Per contra, la fabricació és molt més dificultosa, perquè s'han de mecanitzar els allotjaments amb les dues parts unides. L'obertura longitudinal resta rigidesa al conjunt, que s'ha de compensar amb un reforçament de les peces. La junta pot influir en la força sobre els rodaments.

En qualsevol muntatge, la unió entre les dues o més peces que constitueixen la carcassa exigeix uns centradors que referenciïn mútuament les peces (Fig. 6.7), a més d'una o més juntes que assegurin l'estanqueïtat.

Nervadures

Tant els membres de guiatge conformats per fosa, com els conformats per soldadura, utilitzen reforços en forma de nervadures, aspecte que té el seu major camp d'aplicació en el reforçament de carcasses.

Les nervadures sempre augmenten la rigidesa, però no sempre augmenten la resistència. En efecte, una nervadura molt espaiada i d'una alçada mitjana influeix molt poc en l'increment del moment d'inèrcia del sistema que reforça, mentre que es veu forçada a unes grans deformacions en el seu extrem, que originen unes tensions molt altes que limiten la resistència. Per tant, cal donar unes proporcions adequades als nervis.

La figura 6.10a presenta les expressions algebraiques de la influència de les nervadures en una placa plana sobre la rigidesa relativa, I/I_0 (I_0, moment d'inèrcia de la placa base), i sobre la resistència relativa, W/W_0 (W_0, moment resistent de la placa base), en funció de l'espaiament dels nervis, $\beta = b/b_0$, i l'alçada relativa dels nervis, $\alpha = a/a_0$. La figura 6.10b mostra en forma de gràfic els resultats de les anteriors expressions algebraiques, on es constata una disminució de la resistència per a valors de les alçades relatives, α, moderades.

a)

$$\frac{I}{I_0} = 1+\alpha^3\cdot\beta+3\cdot\frac{\alpha\cdot\beta\cdot(1+\alpha)^2}{1+\alpha\cdot\beta}$$

$$\frac{W}{W_0} = \frac{I}{I_0}\cdot\frac{1+\alpha\cdot\beta}{1+2\cdot\alpha+\alpha^2\cdot\beta}$$

$$\alpha = a/a_0 \quad \beta = b/b_0$$

b)

I/I_0 $\beta=1$ $\beta=1/3$ $\beta=1/10$ $\beta=1/30$ $\beta=1/100$

W/W_0 $\beta=1$ $\beta=1/3$ $\beta=1/10$ $\beta=1/30$ $\beta=1/100$

c) $\beta=1/10$

α 4   1,46

a_0 1   2   3

M_f

$\dfrac{W}{W_0}$ 4   2,43   1   2   3   0,69

$\dfrac{\sigma}{\sigma_0}$ 2,43   2,58   1   2   1,63   3   1,18   4

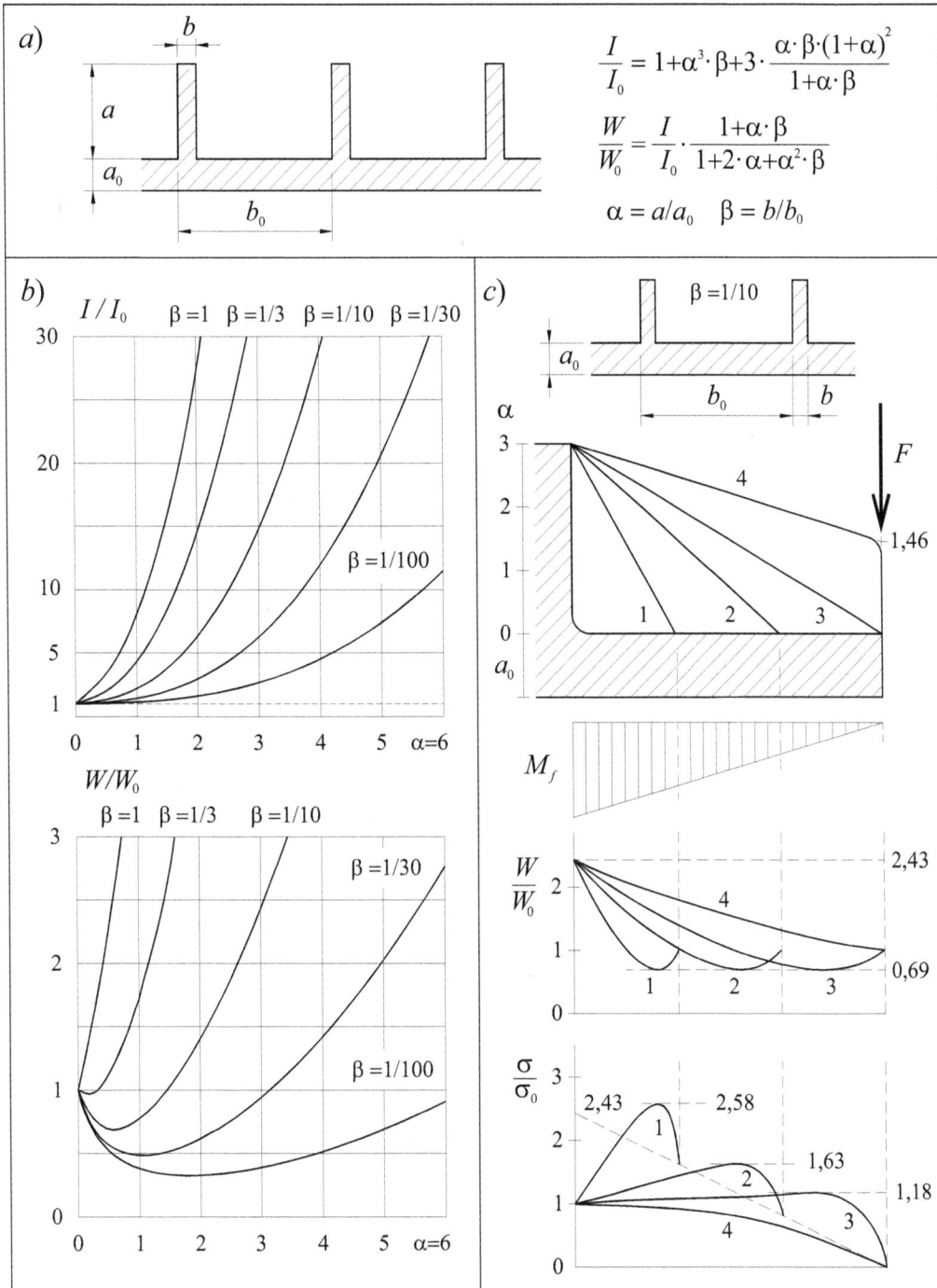

Figura 6.10 Efecte de les nervadures en una placa plana: a) Dimensions de les nervadures; b) Gràfics de la rigidesa i la resistència relatives de la pla nervada a la placa sense nervar; c) Efecte d'una nervadura triangular sobre la resistència.

La Figura 6.10c mostra l'efecte d'una nervadura triangular sobre la resistència d'una placa sotmesa a flexió en voladís. En la zona on entronca amb la placa base el nervi té molt poca alçada relativa, α, i es produeix una disminució de la resistència.

S'han suposat quatre perfils de nervi sobre una placa base amb un espaiament de $\beta=1/10$. El primer nervi 1 acaba a un terç de la placa base; el segon nervi 2, a dos terços; el tercer nervi 3 arriba fins a l'extrem; i el quart nervi 4 manté una determinada alçada relativa en l'extrem de $\alpha=1,5$.

La darrera presentació gràfica de la figura 6.10c posa de manifest que la disminució del moment resistent en la zona de moments flectors elevats (cas del nervi 1 i, en menys mesura, del nervi 2) dóna lloc a unes tensions elevades, que poden arribar a ser superiors a les que tindria la placa base sense nervis (cas del nervi 1: 2,58 vegades la tensió en la secció d'encastament, en lloc de 2,43 de la placa base sense nervis), mentre que aquesta disminució del moment resistent en la zona de moments flectors més moderats té una influència menys perjudicial en les tensions (cas del nervi 3: 1,18 vegades la tensió en la secció d'encastament).

Aquest estudi s'ha realitzat sobre un model senzill que no pot ser transposat automàticament a qualsevol altra geometria; tanmateix, proporciona una orientació sobre la tendència en relació a la variació de la rigidesa i de la resistència quan s'incorporen nervadures.

Com a conclusions generals es poden establir les següents: 1) Cal donar unes proporcions a les nervadures (relació entre espaiament i alçada relativa) de manera que no en surti perjudicada la resistència; 2) Convé evitar els nervis triangulars que entronquen amb la base en zones de sol·licitacions elevades.

Bibliografia

AUBLIN, M.; et al. *Systèmes mécaniques. Théorie et dimensionnement.* Editorial Dunod, París, 1992.

ERDMAN, A.G.; SANDOR, G.N. *Mechanism design: Analysis and synthesis* (Volum 1). Prentice-Hill, Inc., Englewood Cliffs, Nova Jersey, 1984.

FEODOSIEV, V.I. *Resistencia de materiales.* Editorial MIR, Moscou, 1972.

NIEMANN, G. *Elementos de máquinas* (Volum I). Editorial Labor, Barcelona, 1987.

ORLOV, P. *Ingeniería de diseño* (Volum 1). Editorial Mir, Moscou, 1974. (Volum 2); Editorial Mir, Moscou, 1975. (Volum 3); Editorial Mir, Moscou, 1979.

SHIGLEY, J.E.; MISCHKE, Ch.R. *Mechanical engineering Design* (Cinquena edició). McGraw-Hill Book Company, Nova York, 1989.

SKF *Rodamientos en máquinas-herramientas.* Editat per SKF, Göteborg, 1971.

Diversa documentació proporcionada per les empreses fabricants de rodaments FAG, INA, SNR i SKF.

www.ingramcontent.com/pod-product-compliance
Lightning Source LLC
Chambersburg PA
CBHW051225200326
41519CB00025B/7248